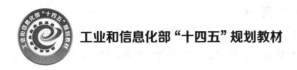

工业和信息化部"十四五"规划教材

数字化设计与仿真

主　编：洪　晴　刘　杰

副主编：陈　勇　陈　江

U0291290

电子工业出版社
Publishing House of Electronics Industry
北京·BEIJING

内 容 简 介

本书使用 UG NX 机电概念设计（MCD）平台，以实训室设备作为典型案例，结合学生的认知规律，从简单到复杂，由单一到综合介绍了数字化设计与仿真中机电对象、运动副与约束、传感器和执行器、仿真序列、信号适配器的基本概念和参数设置方法，并结合机械臂、机器人实训站、西门子等示范案例，锻炼学生的综合运用能力，提升实践经验。本书以企业案例构建项目引领式教学单元：图纸分析→部件建模→部件装配→知识技能点→实例演练及拓展，实现"教、学、做"统一。

通过本书的学习，读者在掌握机构运动仿真分析技术的同时，提高机器人操作、生产线调试、PLC 应用等能力，并通过虚实结合锻炼相关机电设备实操技能。

本书可作为职业本科院校机械电子工程技术、智能制造、电气自动化等相关专业的教材，也可供从事工业生产数字化应用开发、调试与现场维护的功能技术人员参考。

图书在版编目（CIP）数据

数字化设计与仿真 / 洪晴，刘杰主编. —北京：电子工业出版社，2022.7

ISBN 978-7-121-43891-2

Ⅰ．①数… Ⅱ．①洪… ②刘… Ⅲ．①数字技术－应用－机电设备－设计－高等学校－教材

Ⅳ．①TH122

中国版本图书馆 CIP 数据核字（2022）第 114818 号

责任编辑：康　静　　　特约编辑：田学清

印　　刷：涿州市殷润文化传播有限公司

装　　订：涿州市殷润文化传播有限公司

出版发行：电子工业出版社

　　　　　北京市海淀区万寿路 173 信箱　　邮编：100036

开　　本：787×1092　　1/16　　印张：13　　字数：276 千字

版　　次：2022 年 7 月第 1 版

印　　次：2024 年 8 月第 5 次印刷

定　　价：40.00 元

凡所购买电子工业出版社图书有缺损问题，请向购买书店调换。若书店售缺，请与本社发行部联系，联系及邮购电话：(010) 88254888，88258888。

质量投诉请发邮件至 zlts@phei.com.cn，盗版侵权举报请发邮件至 dbqq@phei.com.cn。

本书咨询联系方式：(010) 88254609，hzh@phei.com.cn。

前 言

Preface

　　职业教育及其培养的职业人才的升级是当前国家经济结构转型的前提。2019 年 1 月 24 日，国务院印发的《国家职业教育改革实施方案》明确了职业教育的类型和地位。2019 年 5 月 27 日，教育部正式公布设立 15 所职业大学，开展本科层次职业教育试点工作。2020 年 4 月 3 日，教育部发布了《关于组织开展本科层次职业教育试点专业设置论证工作的通知》。2021 年，全国共有本科层次职业学校 32 所，职业本科招生 4.14 万人，在校生 12.93 万人。本科职业教育已是大势所趋。

　　本书通过将实际智能制造生产线作为产品模型，融入机械臂、气缸送料机构、多工艺转配站等真实设备，并在设计、建模、装配基础上，一一实现运动和控制仿真，扩展知识体系。本书旨在培养学生综合运用 UG NX 建模装配、MCD 仿真、PLC 编程基础上，应用 PLC 与 MCD 联调技术，循序渐进地掌握并实施数字化双胞胎技术，以满足我国智能制造技术高速发展对高层次复合型技能人才日益迫切的需求。

本书目标读者

　　本书面向职业本科及高职专科学生，培养学生熟悉 UG NX 常用的三维实体建模基础命令，综合运用三维 CAD 技术、运动仿真技术，结合典型工程案例，循序渐进地掌握各类机构设计和分析方法。读者应该具备一定机械制图、机械设计基础、PLC 控制应用技术基础，以便充分利用本书。

本书涵盖内容

　　项目一通过实例演示 UG NX 软件基础操作和 MCD 平台基础操作。

　　项目二通过简易传送带装置演示 MCD 平台机电对象设置方法。

　　项目三以典型工业六轴机器人为例，介绍运动副、控制器、路径规划等操作。

　　项目四通过定义运动曲线和电子凸轮，实现机器人运动路径的精确定义。

　　项目五以机器人冲压生产线作为案例，提升运动仿真综合技术能力。

　　项目六综合运用 PLC 控制应用技术，完成机器人工作站虚拟调试任务。

数字资源

　　可通过中国大学 MOOC 搜索：数字化双胞胎技术课程（南京工业职业技术大学），观看对应教学视频（https://www.icourse163.org/spoc/course/NIIT-1462494206?from=searchPage），模型源文件在官网下载。

目　录

Contents

项目一

绪 论

［项目介绍］

　　本项目通过介绍数字化双胞胎技术和 **MCD** 基本概念，阐述数字化设计与仿真在智能制造技术中的重要作用，并演示软件基本操作及环境参数设置，帮助读者快速上手，掌握 **UG NX** 软件的基础使用方法。

［教学目标］

　　1．了解数字化双胞胎技术概念；

　　2．了解 MCD 平台；

　　3．掌握 UG NX 软件基础操作；

　　4．掌握 MCD 平台基础操作；

　　5．创建 NX MCD 文件。

任务 1　UG NX 软件基础操作

［任务描述］

　　介绍数字化双胞胎技术和 UG NX 软件基本概念，演示 UG NX 软件创建、打开文件、用户界面定制、图层设置、显示/隐藏、截面剖切、鼠标按键组合等基础操作。

[知识准备]

1. 数字化双胞胎技术

数字化双胞胎是指以数字化方式复制一个物理对象，通过相互之间的数据流和决策流进行映射，模拟对象在现实环境中的各种行为，通过在共享的数字世界里学习、创新设计、方案验证，实现在实际生产线上验证的目的。

数字化双胞胎技术最早由美国国防部提出，用于航空航天飞行器的健康维护与保障，随着技术发展，被广泛用于产品设计、产品制造、医学分析、工程建设等领域。

随着科技的发展，数字化双胞胎技术广泛应用于智能制造工业领域，贯穿了从设计、生产、运行到维护的整个产品生命周期，它主要涵盖以下 3 块，如图 1-1-1 所示。

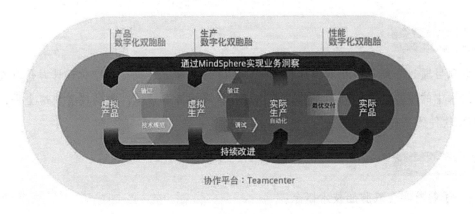

图 1-1-1 数字化双胞胎技术

（1）产品数字化双胞胎：虚拟数字化产品模型，对其进行仿真测试和验证，以更低的成本做更多的样机。

（2）生产数字化双胞胎：将数字化模型构建在生产管理体系中，在运营和生产管理的平台上对生产进行调度、调整和优化。

（3）性能数字化双胞胎：模拟设备的运动和工作状态，以及参数调整带来的变化，对设备进行维护和监控，提升其性能和可靠性。

2. UG NX 软件

UG NX 软件提供了一个基本的虚拟产品开发环境，使产品开发从设计到真正的加工实现了数据的无缝集成，从而优化了企业的产品设计与制作，实现了知识驱动和利用知识库进行建模，同时能自上而下设计子系统和接口，是完整的系统库的建模。

UG NX 软件具有强大的功能，主要包括 CAD、CAM、CAE、MCD 等功能模块。CAD 模块基于特征的建模方法，采用参数控制，实现实体造型、曲面造型、虚拟装配及工程图创建；CAM 模块可基于三维模型直接生成数控代码，用于产品加工；CAE 模块进行有限元分析、运动分析，提高设计的可靠性；MCD 模块实现运动机构仿真、机电参数分析、PLC 程序调试。UG NX 软件涵盖机械、电子、软件等综合技术应用。

［任务步骤］

（1）通过双击桌面的 NX 快捷方式图标，或单击"开始"→"Siemens NX"→"NX"命令，启动 UG NX 软件，进入开始界面，如图 1-1-2 所示。

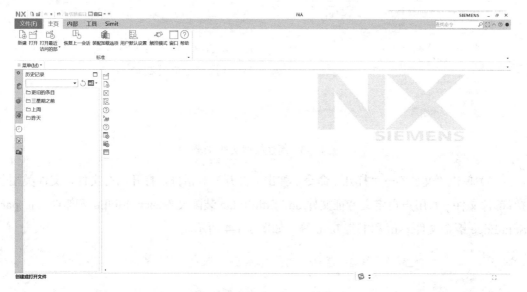

图 1-1-2　启动 UG NX 软件

（2）单击"文件"→"新建"命令，弹出"新建"对话框，新建模型文件，如图 1-1-3 所示。

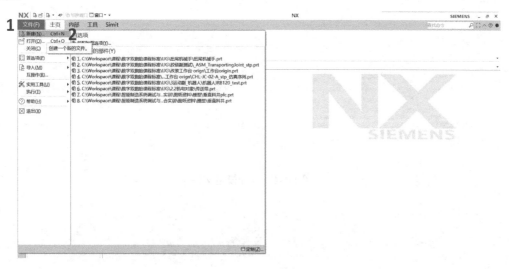

图 1-1-3　新建模型文件

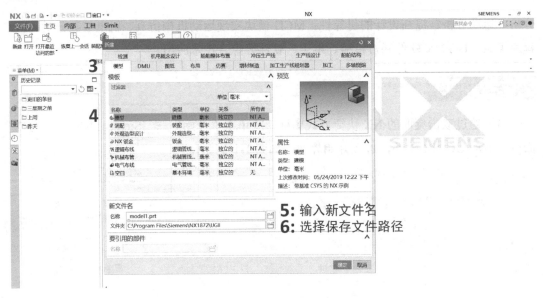

图 1-1-3　新建模型文件（续）

（3）单击"文件"→"打开"命令，弹出"打开"对话框，打开已有文件，文件类型包括：部件文件.prt、用户自定义特征文件.udf、SolidEdge 装配文件.asm、SlidEdge 部件文件.par、SolidEdge 钣金文件.psm 和书签.bkm 等，如图 1-1-4 所示。

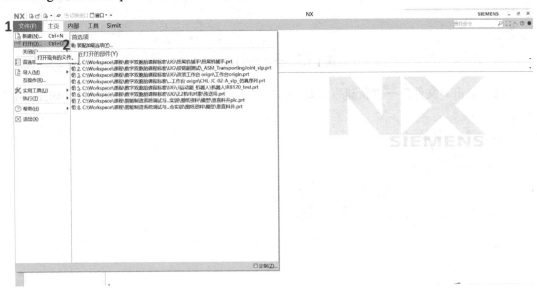

图 1-1-4　打开模型文件

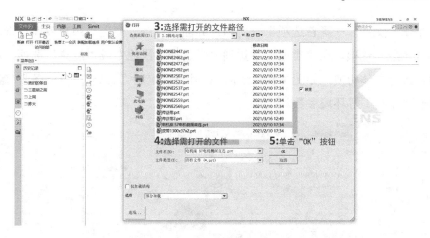

图 1-1-4 打开模型文件（续）

（4）打开模型文件后进入 UG NX 基本环境，软件界面主要分为 6 个部分，如图 1-1-5 所示。

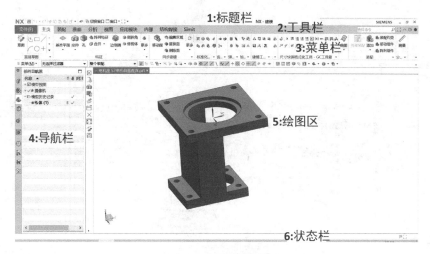

图 1-1-5 软件界面

① 标题栏：软件平台及模块名称。

② 工具栏：包括"文件""主页""装配""曲面""分析""视图""应用模块""内部""结构焊接""Simit"主菜单。此外还可在搜索栏中搜索命令。

③ 菜单栏：单击不同的主菜单，菜单栏中会显示对应的命令图标。

④ 导航栏：包括装配导航器、约束导航器、部件导航器、重用库、浏览器、加工向导等，装配导航器中显示装配体的子部件，约束导航器中显示子部件的装配关系，部件导航器中显示零件模型树等信息。

⑤ 绘图区：完成选择、草图绘制、转配等主要操作。

⑥ 状态栏：显示当前文件状态及操作提示等信息。

（5）单击"文件"→"首选项"→"用户界面"命令，弹出"用户界面首选项"对话框，选择"主题"选项，在"类型"下拉列表中选择"浅色"或"经典"选项，单击"确定"按钮，进行主体切换，如图 1-1-6 所示。此外还可定制"布局""资源条""触控""角色""选项""工具"等环境参数。

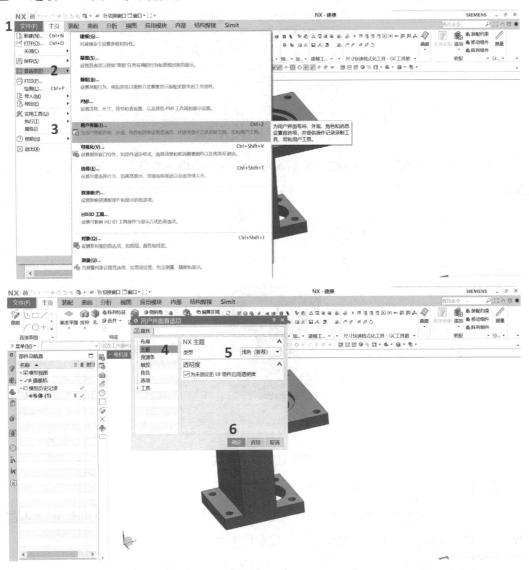

图 1-1-6　定制用户界面

（6）单击"菜单"→"工具"→"定制"命令，弹出"定制"对话框。单击"命令"选项卡，再单击"主页"→"特征"选项，在右侧显示特征菜单栏中右击可进行命令的添加或移除按钮，定制菜单栏；单击"选项卡/条"选项卡，定制工具条；单击"快捷方式"选项卡，定制快捷方式键盘按键；单击"图标/工具提示"选项卡，定制图标大小和工具提示是否显示，如图 1-1-7 所示。

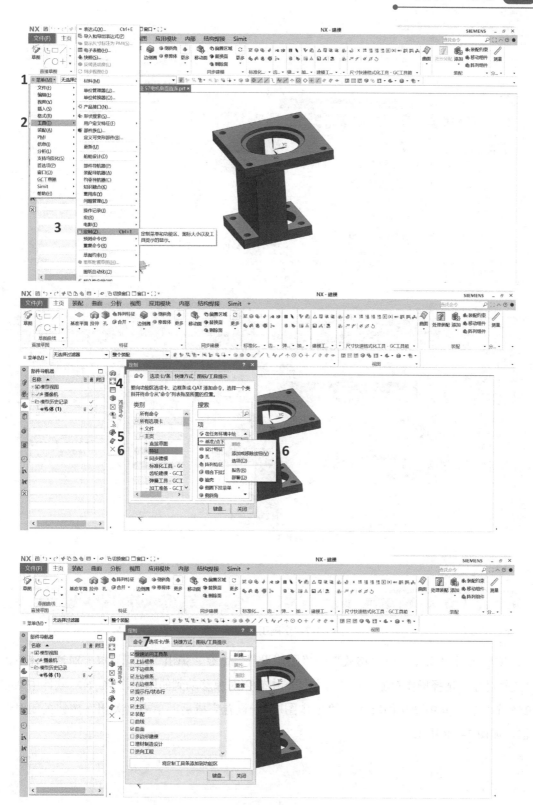

图 1-1-7　定制工具菜单

图 1-1-7　定制工具菜单（续）

（7）单击"菜单"→"格式"→"图层设置"命令，弹出"图层设置"对话框，单击"选择对象"选择操作对象，在"工作层"中输入对象移动到的图层，UG NX 软件中共有256 个图层，其中默认图层 1 为"工作图层"，设置完成后，单击"关闭"按钮关闭对话框，如图 1-1-8 所示。

图 1-1-8　图层设置

（8）单击"视图"→"显示和隐藏"命令或通过快捷键"Ctrl+W"，弹出"显示和隐藏"对话框，在类型树中显示不同类型对象，单击"+"按钮显示指定类型对象，单击"-"按钮隐藏指定类型对象，单击"关闭"按钮，关闭对话框，如图 1-1-9 所示。

图 1-1-9　显示和隐藏对象

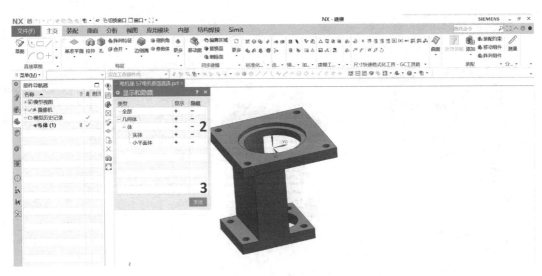

图 1-1-9 显示和隐藏对象（续）

（9）单击"视图"→"编辑截面"命令，弹出"视图剖切"对话框，设置"截面名"，选择截面方向为"X"平面，通过滑块调节截面位置，单击"确定"按钮，生成截面，如图 1-1-10 所示。

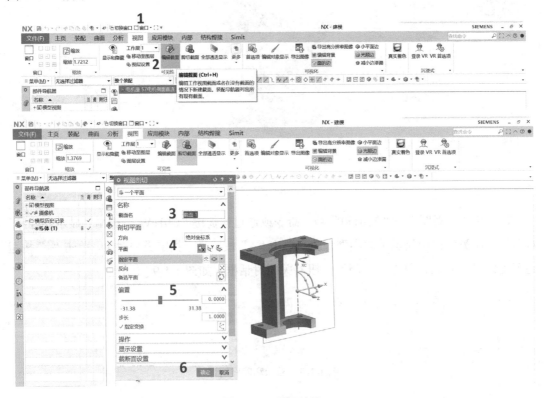

图 1-1-10 截面剖切

（10）通过不同的鼠标按键组合，完成 UG NX 软件模型操作，如图 1-1-11 所示。

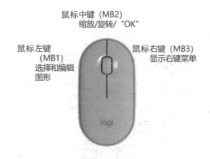

图 1-1-11　鼠标按键

　　鼠标左键：点选；鼠标左键是使用率最高的，打开软件，选择工具，选择对象都用到它。在工作区单击，则弹出一组快捷键，可根据需要选择使用，比从菜单栏选用快多了。

　　鼠标右键：单击；在工作区单击鼠标右键，会弹出更多的快捷菜单命令，可根据需要选择使用；在菜单栏单击鼠标右键，会弹出自定义菜单选项，可进行菜单界面设置。长按鼠标右键，会弹出热键菜单。

　　鼠标中键：长按，在工作区内会旋转对象视图，这也是最常用的。滚动滚轮，工作区内的对象视图会收缩。

　　还有一种就是组合键。鼠标中键+鼠标左键（Ctrl 键），缩放视图；鼠标中键+鼠标右键（Shift 键），移动视图。Shift 键+鼠标左键，取消。

任务2　MCD 平台基础操作

［任务描述］

　　介绍 MCD 平台基本概念并演示其基础操作，包括 MCD 模块启动、MCD 系统参数设置、“主页”菜单分类、机电导航器、运行时察看器、运行时表达式、仿真序列察看与操作等。

［知识准备］

　　机电概念设计（MCD）将机械自动化与电气和软件结合起来，包括机械、机电、传感器、驱动等多个领域部件的概念设计，如图 1-2-1 所示。MCD 可用于新产品集成管理、机械设计、电气、自动化等专业概念的 3D 建模和仿真，提供了机电设备设计过程中硬件在软件环境中的仿真调试，通过虚拟设备与 PLC 连接，对产品可靠性进行虚拟调试。MCD 可加快机械、电气和软件设计等学科产品的开发速度，是工作领域中不可或缺的工具。MCD 迭代产生的误差进一步降低，成为一个综合各学科领域的研发平台。

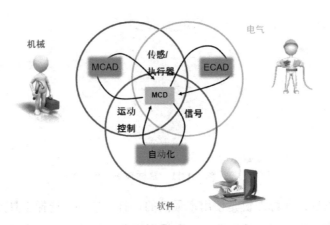

图 1-2-1   MCD 技术领域

产品研发周期包括规划、概念设计、细节工程设计、调试等步骤，通过融入 MCD 技术，在产品完成机械设计、电气设计、软件设计后，样机制造之前进行虚拟调试，提前发现设计问题和风险，实现协作工程设计，降低真机制造成本，缩短研发时间。MCD 的作用如图 1-2-2 所示。

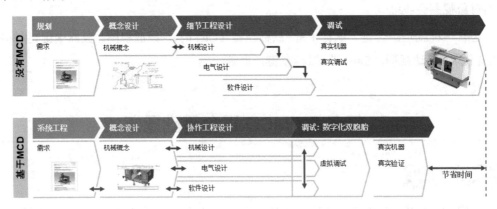

图 1-2-2   MCD 的作用

［任务步骤］

（1）可通过两种方式进入 MCD 平台，如图 1-2-3 所示。

① 单击"文件"→"新建"命令，弹出"新建"对话框，单击"机电概念设计"选项卡，选择"常规设置"，输入文件名和文件保存路径，单击"确定"按钮，新建 MCD 模型文件，并自动进入 MCD 环境，如图 1-2-3（a）所示。

② 单击功能区"应用模块"下的"更多"下拉菜单，选择"机电概念设计"命令，进入 MCD 环境，如图 1-2-3（b）所示。

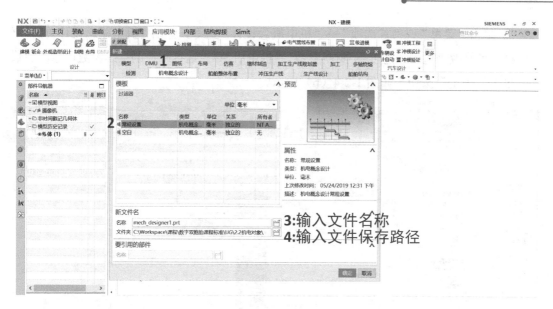

（a）第一种方式

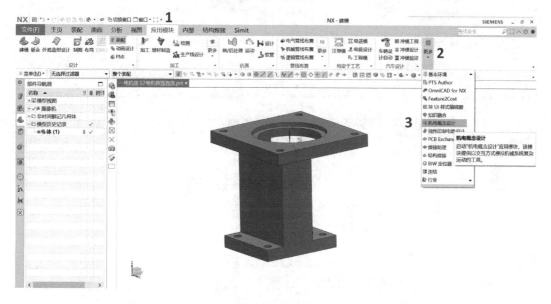

（b）第二种方式

图 1-2-3 进入 MCD 环境

（2）可通过两种方式修改 MCD 参数，如图 1-2-4 所示。

① 单击"文件"→"实用工具"→"用户默认设置"命令，弹出"用户默认设置"对话框，在左侧选择"机电概念设计"→"常规"选项，可修改"重力和材料""机电引擎""察看器""运行时"等参数，修改完成后，单击"确定"按钮，如图 1-2-4（a）所示。

② 单击"菜单"→"首选项"→"机电概念设计"命令，弹出"机电概念设计首选项"对话框，可修改"重力加速度""材料参数""机电引擎""运行时控制"等参数，修改完成后，单击"确定"按钮，如图1-2-4（b）所示。

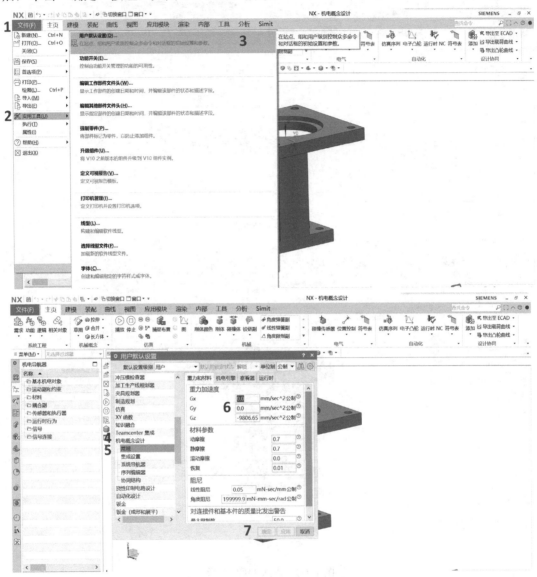

（a）第一种方式

图 1-2-4　修改 MCD 参数

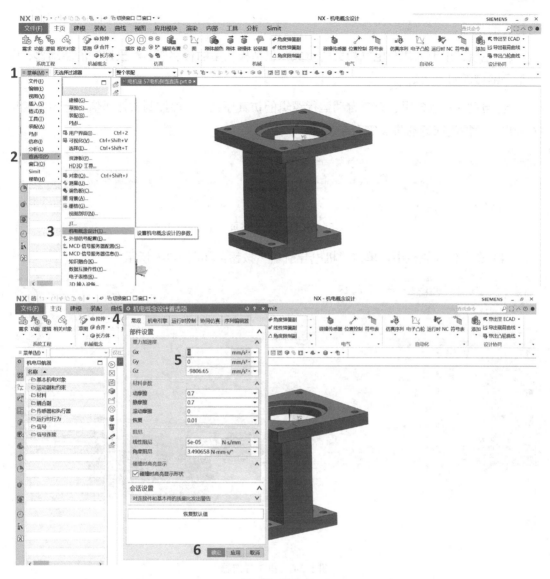

（b）第二种方式

图 1-2-4　修改 MCD 参数（续）

（3）MCD 平台"主页"菜单栏包含以下几组命令，如图 1-2-5 所示。

① 系统工程：提供 MCD 平台与 Teamcenter 之间的链接，可从 Teamcenter 中导入创建好的需求、功能、逻辑等模型。

② 机械概念：包含简单的 3D 建模命令，包括草图、拉伸、合并、长方体及布尔操作等建模命令。

③ 仿真：用于控制仿真动画的播放、停止、捕捉等操作。

④ 机械：用于基本机电对象设置，包括刚体、碰撞体、运动副等的创建，是 MCD 运

动仿真的基础。

⑤ 电气：用于创建与电气相关的对象，包括检测用的传感器、对象控制的驱动器、电气信号链接的符号表等。

⑥ 自动化：包含用于设置自动运行逻辑的仿真序列、外部控制软件通信、运动负载导入导出、数控机床运动仿真等命令。

图 1-2-5　MCD 平台"主页"菜单栏

（4）在左侧导航栏中，单击"机电导航器"按钮，如图 1-2-6 所示。

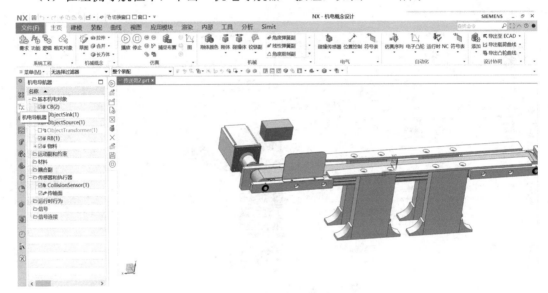

图 1-2-6　机电导航器

在 MCD 中创建的对象都添加到机电导航器中。在机电导航器中，MCD 对象被分在不同的文件夹中。例如，刚体放在基本机电对象文件夹中。通过机电导航器，可以进行以下操作。

① 显示模型文件中存在的 MCD 对象。

② 根据名字或者类型排序。

③ 对选中的对象进行操作。

④ 将不同类型的 MCD 模型组织到对应文件中，方便查看。

⑤ 显示 MCD 对象所属的部件。

（5）在左侧导航栏中，单击"运行时察看器"按钮，导航栏中将显示监控对象。可通过在机电导航器中选择需监控的机电对象，单击鼠标右键，在弹出的快捷菜单中选择"添加到察看器"命令，进行添加，如图 1-2-7 所示。

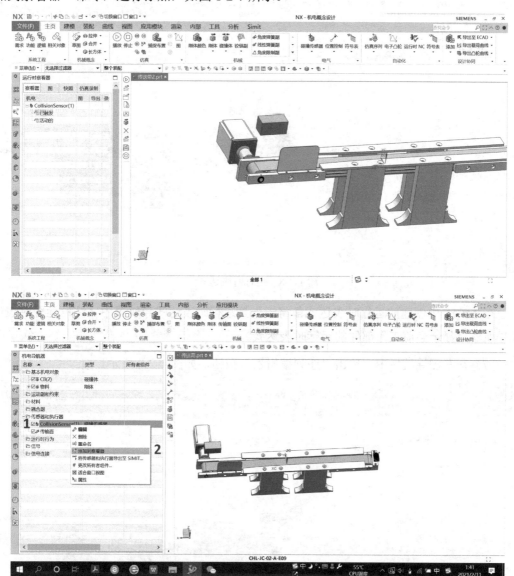

图 1-2-7　运行时察看器

将 MCD 对象添加到运行时察看器中，在仿真的过程中，利用运行时察看器监测对象参数值的变化。通过运行时察看器，可以进行以下操作。

① 监测对象参数值的变化。

② 修改对象参数值。

③ 对整型和双精度型数值进行画图、导出和录制操作。

④ 恢复快照。

（6）在左侧导航栏中，单击"运行时表达式"按钮，如图 1-2-8 所示。

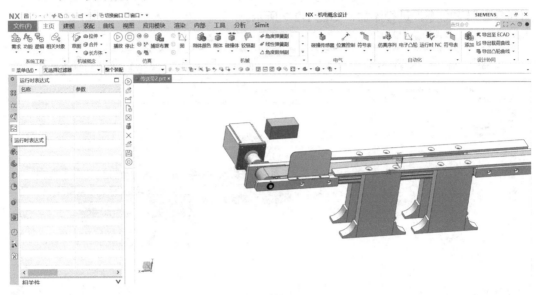

图 1-2-8　运行时表达式

在 MCD 中创建的运行时表达式都将添加到运行时表达式导航器中（注：运行时表达式导航器只显示当前工作部件的运行时表达式）。

（7）在左侧导航栏中，单击"序列编辑器"按钮，如图 1-2-9 所示。

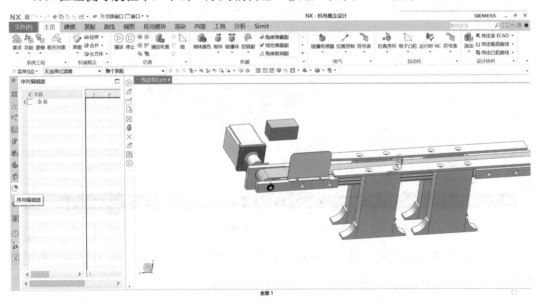

图 1-2-9　序列编辑器

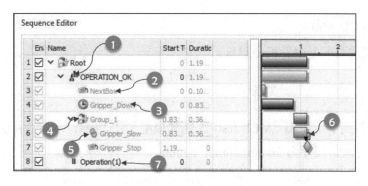

图 1-2-9　序列编辑器（续）

序列编辑器中显示机械系统中创建的所有"仿真序列"，用于管理"仿真序列"在何时或者何种条件下开始执行，用来控制执行机构或者其他对象在不同时刻的不同状态，"仿真序列"分为以下几种类型。

① 复合仿真序列。

② 基于事件的仿真序列。

③ 基于时间的仿真序列。

④ 组。

⑤ 基于事件的仿真序列与另一个仿真序列相连。

⑥ 链接器。

⑦ 暂停仿真序列。

［知识扩展］

创建实例模型

学习情境描述

在掌握 MCD 平台基本概念的基础上，通过创建实例模型，熟练掌握软件平台基础操作。

学习目标

1. 掌握 UG NX 模型文件的新建方法；

2. 启动 MCD 环境；

3．设置 MCD 参数；

4．通过机电导航器察看机电对象。

任务书

在指定文件夹下（"C:\xx\MCD\test\"）新建模型文件"test1"，打开并切换到 MCD 环境，创建一个方块，尺寸为 50mm×50mm×60mm。

获取信息

引导问题 1：UG NX 软件可打开的文件类型包括哪些？其中哪个是模型文件？

引导问题 2：进入 MCD 平台，使用什么菜单命令创建方块？

引导问题 3：导航器包括哪些模块？如何查看方块模型树？

工作计划

制订方案并填入下表中。

步　　骤	工　作　内　容	负　责　人

工作实施

简述新建模型及方块创建步骤。

评价反馈

姓名			日期		
评价指标	评价要素	分数	得分	备注	
信息检索	能有效地利用网络资源，快速准确地收集相关资料；能将查找到的信息有效地转换到工作任务中	10			
工作态度	工作态度端正，注意力集中，工作积极主动，在工作中获得满足感	10			
参与态度	具有一定的组织、协调能力，积极与他人合作，共同完成工作任务	5			
知识能力	知识准备充分，运用熟练正确，工作计划符合规范要求	10			
项目实施	仿真方案正确，与实际设备允许一致	30			
	操作安全性	10			
	完成时间	10			
成果展示	作品完善、操作方便、功能多样、符合预期	5			
	积极、主动、大方	5			
	展示过程中语言流畅、逻辑性强、表达准确	5			
分数		100			
有益的经验和做法					
总结、反思及建议					

项目二

简易传送带运动仿真

[项目介绍]

本项目通过典型传送带装置作为 MCD 基本机电对象设置范例，演示 MCD 平台碰撞体、传输面、碰撞传感器、对象源、对象变换器、对象收集器等命令操作。本传送带范例为实训平台关键部件模型，现实与虚拟相结合，提高学生的积极性，增加沉浸感，真正实现做中学，在提升实践能力的同时，培养学生技术创新精神。

[教学目标]

1. 掌握 MCD 平台基本机械建模命令；
2. 理解刚体定义；
3. 理解碰撞体定义；
4. 理解传输面定义；
5. 理解碰撞传感器定义及碰撞形状对仿真的影响；
6. 理解对象源、对象变换器、对象收集器定义。

任务 1　机电对象设置

[任务描述]

将物料、传输面分别定义为刚体和碰撞体，模拟重力影响下的真实运动，为后续传送带运动仿真奠定基础。

［知识准备］

1. 刚体

几何零件通过定义为刚体组件，赋予质量等物理属性，从而在外部力的驱动下运动，如受到重力的作用而落下，如果几何体没有定义为刚体，是无法移动的。

刚体具有以下物理属性。

（1）重心位置和方向。

（2）平移和转动速度。

（3）质量和惯性。

"刚体"对话框如图 2-1-1 所示，各参数定义如表 2-1-1 所示。

图 2-1-1　"刚体"对话框

表 2-1-1　刚体参数定义

参　数	定　义
选择对象	选择被定义为刚体的几何对象（可选择多个）
质量属性	（1）自动：根据对象属性自动计算刚体的质量和惯性矩（自动方式下文本框为灰色不可输入）； （2）用户自定义：用户在对应文本框中手动输入质量和惯性矩
刚体颜色	（1）指定颜色，可根据需要指定刚体颜色； （2）无，刚体显示为白色
标记	选择对应的标记表单，在仿真时可通过读/写设备命令修改物料属性
名称	设置刚体名称

2．碰撞体

碰撞体定义了几何对象发生碰撞的方式，只有两个几何对象都定义了碰撞体，才会发生碰撞，否则会互相穿透。

碰撞体可以定义多种碰撞形状和几何精度，如表 2-1-2 所示，从左到右碰撞形状越复杂，几何精度越高，不稳定性越高。为了降低不稳定性和提高运行性能，建议在满足仿真要求的情况下，使用简单的碰撞形状。

表2-1-2　碰撞体的形状分类

方块	球	圆柱	胶囊	凸多面体	多个凸多面体	网格面

"碰撞体"对话框如图 2-1-2 所示，各参数定义如表 2-1-3 所示。

图 2-1-2　"碰撞体"对话框

表2-1-3　碰撞体参数定义

参　　数	定　　义
选择对象	选择被定义为碰撞体的几何对象（可选择多个）
碰撞形状	定义碰撞体的形状，选项包括方块、球、圆柱、胶囊、凸多面体、多个凸多面体、网格面
形状属性	设置定义碰撞属性的方法有 （1）自动：自动计算碰撞属性参数； （2）用户自定义：可在文本框中输入需要的碰撞体尺寸等参数

续表

参　数	定　义
碰撞材料	定义碰撞体的材料，可新建需要的碰撞材料
类别	只有相同类别的碰撞体才会发生碰撞，默认类别为"0"，与所有类别发生碰撞
碰撞设置	设置发生碰撞时，碰撞体是否高显，以及是否粘连在一起
名称	设置碰撞体名称

［任务步骤］

（1）打开文件"传送带.prt"，单击功能区"应用模块"下的"更多"下拉菜单，选择"机电概念设计"命令，进入 MCD 环境，如图 2-1-3 所示。

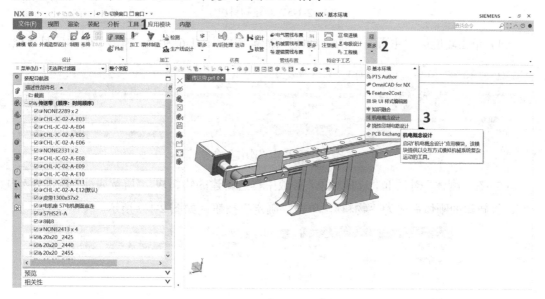

图 2-1-3　进入 MCD 环境

（2）单击功能区"主页"下的"长方体"命令，如图 2-1-4 所示，弹出"块"对话框。

图 2-1-4　单击"长方体"命令

（3）在"块"对话框中，单击"指定点"旁的"点对话框"按钮，弹出"点"对话框，定义默认坐标系下"X"为"250mm"，"Y"为"100mm"，"Z"为"0.000000mm"，完成点设置后，单击"确定"按钮，回到"块"对话框，设置"长度（XC）"为"60mm"，"宽度（YC）"为"30mm"，"高度（ZC）"为"30mm"，单击"确定"按钮，如图 2-1-5 所示。

图 2-1-5   新建物料块

（4）单击功能区"主页"下的"刚体"命令，如图 2-1-6 所示，弹出"刚体"对话框。

图 2-1-6   单击"刚体"命令

（5）在"刚体"对话框"选择对象"参数中框选新建的物料块，"质量属性"默认为"自动"，将新建的刚体命名为"物料"，单击"确定"按钮，如图 2-1-7 所示。

图 2-1-7   新建物料刚体

（6）单击功能区"主页"下的"碰撞体"命令，如图 2-1-8 所示，弹出"碰撞体"对话框。

图 2-1-8　单击"碰撞体"命令

（7）在"碰撞体"对话框"选择对象"参数中框选新建的物料块，设置"碰撞形状"为"方块"，"形状属性"默认为"自动"，"材料"默认为"默认材料"，单击"应用"按钮，如图 2-1-9 所示。

图 2-1-9　新建物料碰撞体

（8）在"碰撞体"对话框"选择对象"参数中选择传送带表面，设置"碰撞形状"为"凸多面体"，"材料"默认为"默认材料"，单击"确定"按钮，如图 2-1-10 所示。

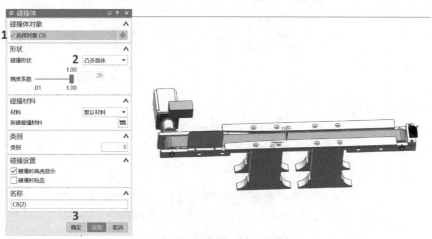

图 2-1-10　新建传送带碰撞体

（9）单击"菜单"→"首选项"→"机电概念设计"命令，如图2-1-11所示，弹出"机电概念设计首选项"对话框。

图 2-1-11　单击"机电概念设计"命令

（10）在"机电概念设计首选项"对话框的"重力加速度"选区中，分别设置"Gx""Gy""Gz"为"0mm/s²""-9806.65mm/s²""0mm/s²"，单击"确定"按钮，如图2-1-12所示。

图 2-1-12　修改重力加速度

（11）单击功能区"主页"下的"播放"命令，开始运动仿真模拟，物料受重力的作用掉落在传送带上；单击功能区"主页"下的"停止"命令，结束运动仿真模拟，如图 2-1-13 所示。

图 2-1-13　单击"播放""停止"命令

任务 2　传输面及碰撞传感器定义

［任务描述］

在前期创建刚体和碰撞体的基础上，设置传输面和碰撞传感器，实现物料传输，到位后自动停止的仿真效果。

［知识准备］

1. 传输面

通过添加传输面物理属性，将平面转换为传送带，沿直线或曲线路径移动平面上的几何对象。

"传输面"对话框如图 2-2-1 所示，各参数定义如表 2-2-1 所示。

图 2-2-1　"传输面"对话框

表 2-2-1　传输面参数定义

参　数	定　义
选择面	选择被定义为传输面的平面
运动类型	定义传输面运动类型，选项包括直线和圆
指定矢量	定义传输面运动方向
速度	（1）平行：定义指定方向上的速度； （2）垂直：定义垂直于指定方向上的速度
起始位置	（1）平行：定义指定方向上的起始位置； （2）垂直：定义垂直于指定方向上的起始位置
名称	设置传输面名称

2. 碰撞传感器

通过添加碰撞传感器，监控仿真过程中的碰撞情况，可以选择不同形状作为检测区域。碰撞传感器一般用于以下操作。

（1）触发仿真序列的启动或停止。

（2）触发运行时参数的更改，如速度控制器的速度。

（3）触发运行时表达式中的计数器。

（4）触发刚体交换。

（5）触发可视化特征变化。

"碰撞传感器"对话框如图 2-2-2 所示，各参数定义如表 2-2-2 所示。

图 2-2-2　"碰撞传感器"对话框

表 2-2-2　碰撞传感器参数定义

参　数	定　义
选择对象	选择被定义为碰撞传感器的几何对象
碰撞形状	定义碰撞检测区域形状，选项包括方块、球、直线、圆柱

续表

参　　数	定　　义
形状属性	定义计算碰撞区域的方法，选项包括 （1）自动：自动计算碰撞区域参数； （2）用户定义：可输入需要的参数，如： ① 指定点：定义碰撞区域的中心点； ② 指定坐标系：定义碰撞区域的参考坐标系； ③ 尺寸参数：根据碰撞形状变化而变化
名称	设置碰撞传感器名称

［任务步骤］

（1）在之前任务完成刚体和碰撞体设置的基础上，单击功能区"主页"下的"碰撞体"下拉菜单，选择"传输面"命令，如图 2-2-3 所示，弹出"传输面"对话框。

图 2-2-3　选择"传输面"命令

（2）在"传输面"对话框"选择面"参数中框选传送带平面，设置"运动类型"为"直线"，"指定矢量"参数默认选择传送方向，设置"速度—平行"为"40mm/s"，"名称"默认为"传输面"，单击"确定"按钮，如图 2-2-4 所示。

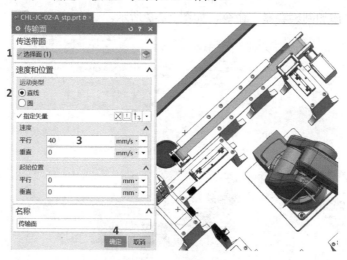

图 2-2-4　新建传输面

（3）单击功能区"主页"下的"碰撞传感器"命令，如图 2-2-5 所示，弹出"碰撞传感器"对话框。

图 2-2-5　单击"碰撞传感器"命令

（4）在"碰撞传感器"对话框"选择对象"参数中框选传送带末端传感器，设置"碰撞形状"为"方块"，"形状属性"默认为"用户定义"，输入合适的形状参数，设置"名称"为"CollisionSensor(1)"，单击"确定"按钮，如图 2-2-6 所示。

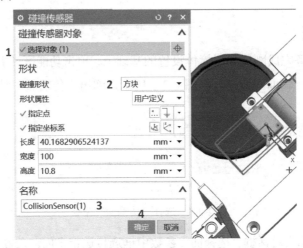

图 2-2-6　新建碰撞传感器"CollisionSensor(1)"

（5）在机电导航器中选择新建的碰撞传感器"CollisionSensor（1）"，右击，在弹出的快捷菜单中选择"添加到察看器"命令，如图 2-2-7 所示。

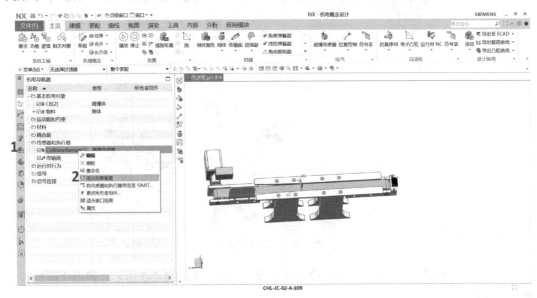

图 2-2-7　添加碰撞传感器"CollisionSensor(1)"到察看器

（6）单击功能区"主页"下的"播放"命令，开始运动仿真模拟，物料受重力的作用掉落在传送带上，并被传送到传送带末端，碰撞传感器检测到物料，在察看器中可以看到碰撞传感器"CollisionSensor(1)"的"已触发"属性值变为"true"；单击功能区"主页"下的"停止"命令，结束运动仿真模拟，如图 2-2-8 和图 2-2-9 所示。

图 2-2-8　单击"播放""停止"命令

图 2-2-9　察看器中碰撞传感器"CollisionSensor(1)"触发

任务 3　对象源、对象变换器、对象收集器定义

［任务描述］

本任务综合运用对象源、对象变换器、对象收集器等命令，实现传送带生产线重复循环运行、物料变换、物料收集等仿真功能。

［知识准备］

1. 对象源

对象源命令在特定时间间隔或激活事件触发情况下，复制多个指定的几何对象，模拟重复生产线运动。

对象源的触发有以下两种方式。

（1）基于时间：根据设定的时间间隔来复制几何图形。

（2）每次激活一次：对象源的属性"活动的"每变成"true"一次，复制一次几何图形。

"对象源"对话框如图 2-3-1 所示，各参数定义如表 2-3-1 所示。

图 2-3-1 "对象源"对话框

表 2-3-1 对象源参数定义

参　　数	定　　义
选择对象	选择需要复制的几何对象
复制事件	设置复制触发方法： （1）基于时间：在特定时间间隔内复制，需设定"时间间隔"和"起始偏置"（第一次复制等待时间）参数； （2）每次激活一次：每次激活只复制一次，用于激活事件触发
名称	设置对象源名称

2. 对象变换器

对象变换器命令在碰撞传感器触发时，将一个刚体变换为另一个刚体，可用于模拟装配生产线中零部件的更改。

"对象变换器"对话框如图 2-3-2 所示，各参数定义如表 2-3-2 所示。

图 2-3-2 "对象变换器"对话框

表 2-3-2 对象变换器参数定义

参 数	定 义
变换触发器	选择作为变换触发器的碰撞传感器
变换源	确定将变换哪些刚体 (1) 任意:将变换所有对象源生成的刚体; (2) 仅选定的:将变换选定对象源生成的刚体
变换为	(1) 选择刚体:选择对象变换后生成的刚体 (2) 每次激活时执行一次:对象变换器只发生一次
名称	设置对象变换器名称

3. 对象收集器

对象收集器命令在对象源生成的对象接触到碰撞传感器时,从当前场景中删除这个对象副本。

"对象收集器"对话框如图 2-3-3 所示,各参数定义如表 2-3-3 所示。

图 2-3-3 "对象收集器"对话框

表 2-3-3 对象收集器参数定义

参 数	定 义
对象收集触发器	选择作为对象收集触发器的碰撞传感器
收集的来源	确定将收集哪些刚体 (1) 任意:将收集所有对象源生成的刚体; (2) 仅选定的:将收集选定对象源生成的刚体
名称	设置对象收集器名称

[任务步骤]

(1) 在 MCD 平台下,单击功能区"主页"下的"刚体"下拉菜单,选择"对象源"命令,如图 2-3-4 所示,弹出"对象源"对话框。

图 2-3-4 选择"对象源"命令

（2）在"对象源"对话框"选择对象"参数中选择物料，设置"触发"为"基于时间"，"时间间隔"为"5s"，"起始偏置"默认为"0s"，"名称"默认为"ObjectSource(1)"，单击"确定"按钮，如图2-3-5所示。

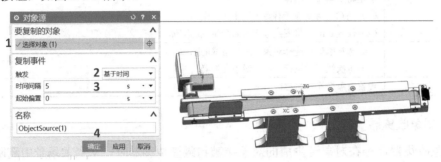

图 2-3-5　新建物料对象源

（3）单击功能区"主页"下的"长方体"下拉菜单，选择"圆柱"命令，如图2-3-6所示，弹出"圆柱"对话框。

图 2-3-6　选择"圆柱"命令

（4）在"圆柱"对话框中，"指定矢量"和"指定点"参数保持默认，设置"直径"为"30mm"，"高度"为"60mm"，"布尔"默认为"无"，单击"确定"按钮，如图2-3-7所示。

图 2-3-7　新建圆柱

（5）单击功能区"主页"下的"刚体"命令，弹出"刚体"对话框。在"刚体"对话框"选择对象"参数中框选新建的圆柱，"质量属性"默认为"自动"，单击"确定"按钮，如图2-3-8所示。

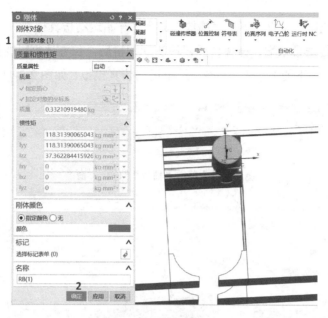

图 2-3-8　新建圆柱刚体

（6）单击功能区"主页"下的"对象源"下拉菜单，选择"对象变换器"命令，如图 2-3-9 所示，弹出"对象变换器"对话框。

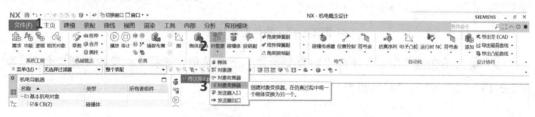

图 2-3-9　选择"对象变换器"命令

（7）在"对象变换器"对话框"选择碰撞传感器"参数中选择碰撞传感器 "CollisionSensor(1)"，设置"源"为"任意"；在"选择刚体"参数中框选圆柱刚体，取消 勾选"每次激活时执行一次"复选框，"名称"默认为"ObjectTransformer(1)"，单击"确定" 按钮，如图 2-3-10 所示。

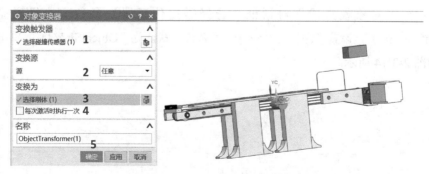

图 2-3-10　新建对象变换器

（8）单击功能区"主页"下的"播放"命令，开始运动仿真模拟，每隔 5s 复制一次物料，并被传送到传送带末端，碰撞传感器检测到物料后，长方体物料变换为圆柱形物料；单击功能区"主页"下的"停止"命令，结束运动仿真模拟，如图 2-3-11 和图 2-3-12 所示。

图 2-3-11　单击"播放""停止"命令

图 2-3-12　物料变换仿真

（9）单击功能区"主页"下的"对象变换器"下拉菜单，选择"对象收集器"命令，如图 2-3-13 所示，弹出"对象收集器"对话框。

图 2-3-13　选择"对象收集器"命令

（10）在"对象收集器"对话框"选择碰撞传感器"参数中选择碰撞传感器"CollisionSensor(1)"，设置"源"为"任意"，"名称"默认为"ObjectSink(1)"，单击"确定"按钮，如图 2-3-14 所示。

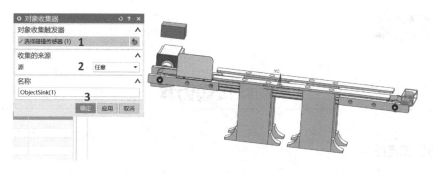

图 2-3-14　新建对象收集器

（11）在机电导航器中取消勾选对象变换器"ObjectTransformer(1)"复选框，如图 2-3-15所示。

图 2-3-15　取消对象变换器

（12）单击功能区"主页"下的"播放"命令，开始运动仿真模拟，传送带运输物料，碰撞传感器检测到物料后，将物料消除；单击功能区"主页"下的"停止"命令，结束运动仿真模拟，如图 2-3-16 所示。

图 2-3-16　单击"播放""停止"命令

[知识扩展]

物料传输仿真

学习情境描述

在学习 MCD 平台的碰撞体、传输面、碰撞传感器、对象源、对象变换器、对象收集器等命令基础上，通过练习案例进行任务考核，巩固相关机电对象设置操作，真正实现做中学，并在提升实践能力的同时，培养学生技术创新精神。

学习目标

1. 掌握碰撞体的创建方法；

2. 掌握传输面的设置方法；

3. 掌握碰撞传感器的设置方法；

4. 掌握对象源的设置方法；

5. 掌握对象变换器的设置方法；

6. 掌握对象收集器的设置方法。

任务书

创建如下图所示的三维模型，物料尺寸为 50mm×50mm×30mm，传送带尺寸为 50mm×300mm×30mm，地板尺寸为 500mm×500mm×10mm，实现每隔 5s，生成一个物料，物料沿传送带按 100mm/s 速度传输，被运送到传送带末端，在重力的作用下掉落到地面上，被收集以后消失。

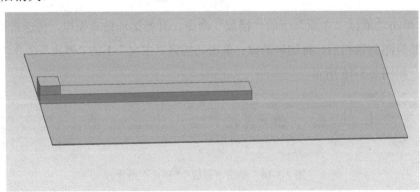

➷ **获取信息**

引导问题 1：碰撞体有哪些形状？物料应该选择哪种碰撞类型？为什么？

引导问题 2：对象源有哪些触发方式？本案例应为哪种？

引导问题 3：对象收集器的作用是什么？哪个对象应设置为对象收集器？

工作计划

制订运动仿真方案，并填入下表中。

步　　骤	工 作 内 容	负 责 人

工作实施

在下表中填写运动仿真对象的设置情况。

序号	对象名	刚体	碰撞体	传输面	对象源	对象收集器

评价反馈

姓名			日期		
评价指标	评价要素	分数	得分	备注	
信息检索	能有效地利用网络资源，快速准确地收集相关资料；能将查找到的信息有效地转换到工作任务中	10			
工作态度	工作态度端正，注意力集中，工作积极主动，在工作中获得满足感	10			
参与态度	具有一定的组织、协调能力，积极与他人合作，共同完成工作任务	5			
知识能力	知识准备充分，运用熟练正确，工作计划符合规范要求	10			
项目实施	仿真方案正确，与实际设备允许一致	30			
	操作安全性	10			
	完成时间	10			
成果展示	作品完善、操作方便、功能多样、符合预期	5			
	积极、主动、大方	5			
	展示过程中语言流畅、逻辑性强、表达准确	5			
分数		100			
有益的经验和做法					
总结、反思及建议					

项目三

六轴机器人路径规划

[项目介绍]

本项目通过典型工业六轴机器人作为 MCD 运动仿真范例，演示 MCD 基本操作及完整工作流程"机电对象定义→运动副及约束定义→速度控制→路径规划"。本机器人范例与实训平台对应，现实与虚拟相结合，可提高学生的积极性，增加沉浸感，真正实现做中学，可在提升实践能力的同时，培养学生技术创新精神。

[教学目标]

知识目标

1. 了解机器人的基本部件组成；
2. 了解机器人的运动原理；
3. 理解驱动器分类及定义；
4. 掌握路径规划控制原理。

技能目标

1. 能操作 MCD 平台；
2. 能熟练进行速度控制定义；
3. 能使用轨迹约束规划机器人运动轨迹；
4. 能运用反算机构驱动优化机器人运动。

素质目标

1. 具有高度的职业责任心、严谨的工作作风、认真的工作态度；
2. 具有强烈的进取精神，以及认真、刻苦钻研业务的素质；
3. 具有精益求精的工匠精神；
4. 具有坚定正确的政治信念和创新精神。

任务 1　机器人机电对象定义

［任务描述］

　　根据机器人的基本组成结构将各运动部件定义为刚体，并设置各机电对象对应的物理属性，为后续机器人虚拟运动仿真奠定基础。

［知识准备］

1. 机器人的基本组成

　　六轴机器人主要组成部件包括基座、腰部、大臂、小臂、腕部、手部等，如图 3-1-1 所示。各部件通过关节相连，实现如下几个自由度运动，包括 1 轴腰回转关节、2 轴肩摆动关节、3 轴肘摆动关节、4 轴腕回转关节、5 轴腕摆动关节、6 轴手回转关节，如图 3-1-2 所示。其中前 3 个轴自由度实现机器人末端位置调整，后 3 个轴自由度实现机器人末端位姿调整。

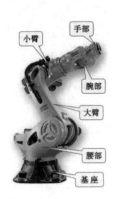

图 3-1-1　机器人基本部件

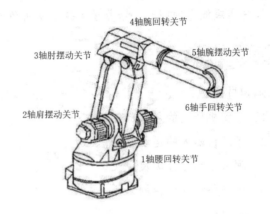

图 3-1-2　机器人运动关节

2. 固定副

固定副是指自由度为零的固定关节，它一般用于以下操作。

（1）将刚体连接到地面上。

（2）将两个刚体固定连接到一起，被连接刚体跟随连接件一起运动。

注意：若组件中全为刚体，则必须定义一个固定副。

"固定副"对话框如图 3-1-3 所示，各参数定义如表 3-1-1 所示。

图 3-1-3 "固定副"对话框

表 3-1-1 固定副参数定义

参 数	定 义
选择连接件	选择需要连接到固定约束的刚体
选择基本件	选择连接件连接到的刚体,若为空,则连接件连接到背景
名称	设置固定副名称

3. 铰链副

组成铰链副的两关节绕某一轴进行相对转动,不允许两者在任何方向进行平移运动。

"铰链副"对话框如图 3-1-4 所示,各参数定义如表 3-1-2 所示。

图 3-1-4 "铰链副"对话框

表 3-1-2 铰链副参数定义

参 数	定 义
选择连接件	选择需要连接到铰链关节的刚体
选择基本件	选择连接件连接到的刚体,若为空,则连接件连接到背景
指定轴矢量	指定铰链副旋转轴
指定锚点	指定旋转轴中心点
起始角	仿真开始时连接件相对基本件的初始角度
限制	可在文本框中输入旋转运动的上下限制角度
名称	设置铰链副名称

[任务步骤]

（1）打开文件"机器人 IRB120——右极限.prt"，单击功能区"应用模块"下的"更多"下拉菜单，选择"机电概念设计"命令，进入 MCD 环境，如图 3-1-5 所示。

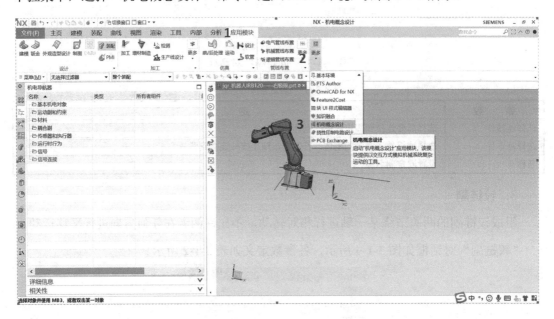

图 3-1-5　进入 MCD 环境

（2）单击功能区"主页"下的"刚体"命令，如图 3-1-6 所示，弹出"刚体"对话框。

图 3-1-6　单击"刚体"命令

（3）在"刚体"对话框"选择对象"参数中框选机器人基座几何体组件，"质量属性"默认为"自动"，将新建的刚体命名为"基座"，单击"应用"按钮，如图 3-1-7 所示。

（4）在"刚体"对话框"选择对象"参数中框选机器人腰部几何体组件，"质量属性"默认为"自动"，将新建的刚体命名为"1 轴"，单击"应用"按钮，如图 3-1-8 所示。

（5）在"刚体"对话框"选择对象"参数中框选机器人大臂几何体组件，"质量属性"默认为"自动"，将新建的刚体命名为"2 轴"，单击"应用"按钮，如图 3-1-9 所示。

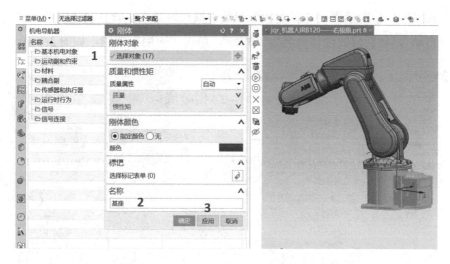

图 3-1-7 新建基座刚体

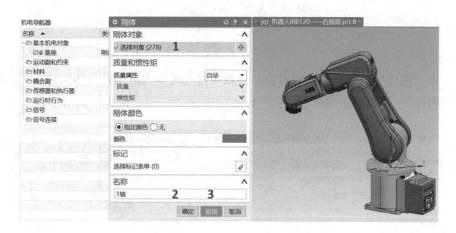

图 3-1-8 新建 1 轴刚体

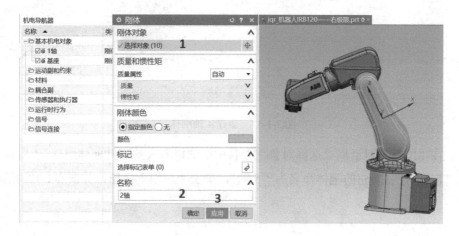

图 3-1-9 新建 2 轴刚体

（6）在"刚体"对话框"选择对象"参数中框选机器人小臂几何体组件，"质量属性"默认为"自动"，将新建的刚体命名为"3轴"，单击"应用"按钮，如图3-1-10所示。

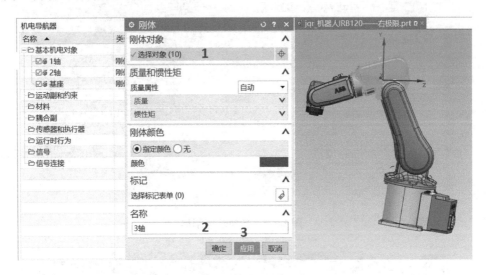

图 3-1-10　新建 3 轴刚体

（7）在"刚体"对话框"选择对象"参数中框选机器人肘部几何体组件，"质量属性"默认为"自动"，将新建的刚体命名为"4轴"，单击"应用"按钮，如图3-1-11所示。

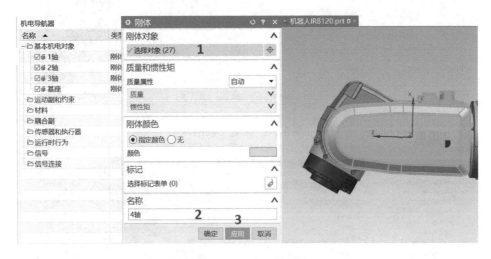

图 3-1-11　新建 4 轴刚体

（8）在"刚体"对话框"选择对象"参数中框选机器人腕部几何体组件，"质量属性"默认为"自动"，将新建的刚体命名为"5轴"，单击"应用"按钮，如图3-1-12所示。

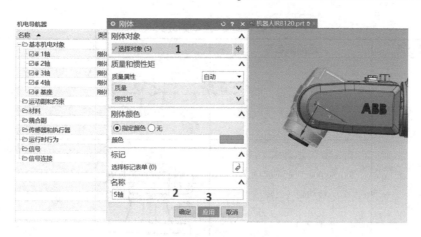

图 3-1-12　新建 5 轴刚体

（9）在"刚体"对话框"选择对象"参数中框选机器人手部几何体组件，"质量属性"默认为"自动"，将新建的刚体命名为"6 轴"，单击"确定"按钮，如图 3-1-13 所示。

图 3-1-13　新建 6 轴刚体

任务 2　机器人运动副及约束定义

［任务描述］

根据机器人运动原理，分析其自由度及各构件相对运动关系，将相对运动的两关节轴刚体组成为对应运动副，实现机器人运动仿真。

［知识准备］

运动副的定义：两构件直接接触并能产生一定相对运动的可动连接。根据运动副的接触形式，可以分为面接触的低副和点或线接触的高副，如表 3-2-1 所示。

表 3-2-1 运动副分类

运动副分类	运动副名称	示　意
低副	移动副	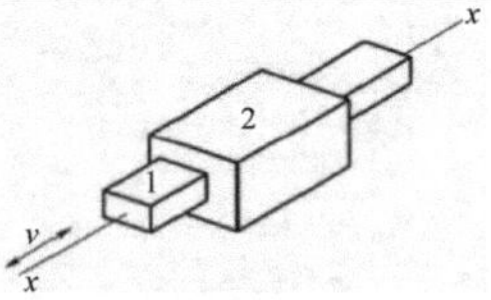
	转动副（回转）	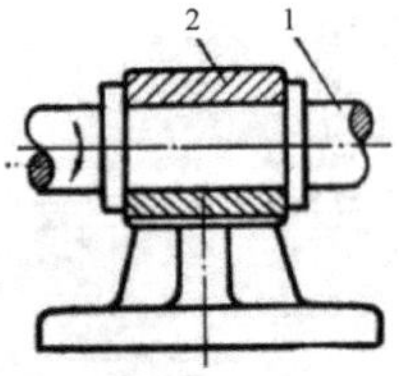
	转动副（摆动）	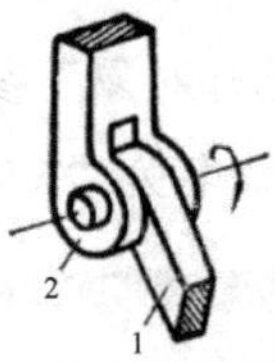
高副	齿轮副	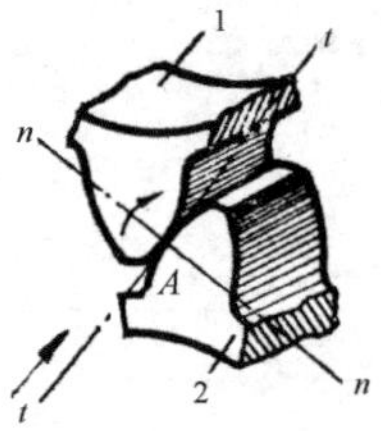
	凸轮副	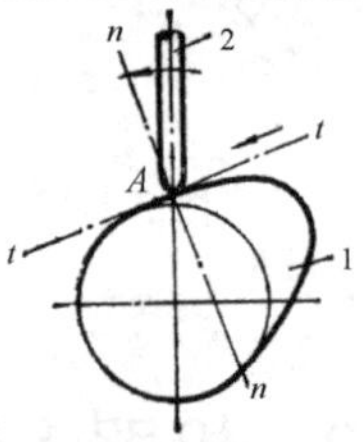
	球副	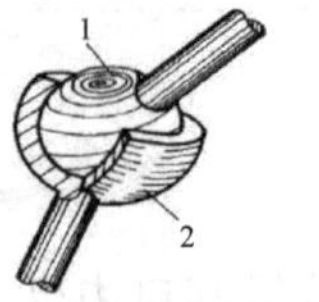

　　机器人各部件通过关节相连实现如下几个自由度运动，包括 1 轴整体的腰关节回转、2 轴带动大臂的肩关节摆动、3 轴带动小臂的肘关节摆动、4 轴带动腕部和手部的腕关节回转、5 轴带动腕部和手部的腕关节摆动、6 轴带动手部的手关节回转，各关节轴都为转动副，如图 3-2-1 所示。

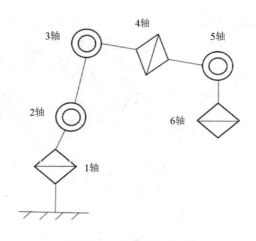

图 3-2-1 机器人运动副

[任务步骤]

（1）在 MCD 平台下，单击功能区"主页"下的"铰链副"下拉菜单，选择"固定副"命令，如图 3-2-2 所示，弹出"固定副"对话框。

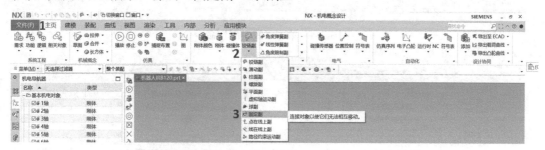

图 3-2-2 选择"固定副"命令

（2）在"固定副"对话框"选择连接件"参数中选择基座刚体，"选择基本件"参数为空，将新建的固定副命名为"基座固定副"，单击"确定"按钮，如图 3-2-3 所示。

（3）在 MCD 平台下，单击功能区"主页"下的"铰链副"命令，弹出"铰链副"对话框，如图 3-2-4 所示。

（4）在"铰链副"对话框"选择连接件"参数中选择 1 轴刚体，在"选择基本件"参数中选择基座刚体，在"指定轴矢量"参数中选择垂直于基座连接面，在"指定锚点"参数中选择 1 轴刚体连接到基座刚体的轴圆心，"起始角"默认为"0°"，在"限制"参数中不设置上下限，将新建的铰链副命名为"1 轴_基座铰链副"，单击"应用"按钮，如图 3-2-5 所示。

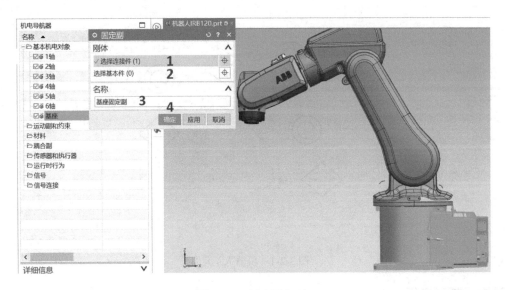

图 3-2-3　新建固定副

图 3-2-4　单击"铰链副"命令

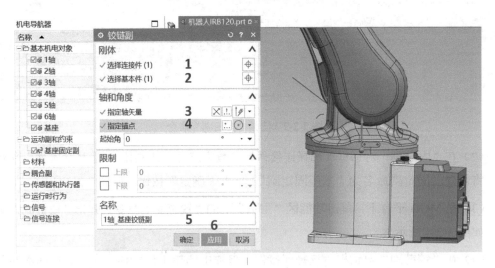

图 3-2-5　新建 1 轴_基座铰链副

（5）在"铰链副"对话框"选择连接件"参数中选择 2 轴刚体，在"选择基本件"参数中选择 1 轴刚体，在"指定轴矢量"参数中选择垂直于 1 轴连接面，在"指定锚点"参数中选择 2 轴刚体连接到 1 轴刚体的轴圆心，"起始角"默认为"0°"，在"限制"参数中不设置上下限，将新建的铰链副命名为"2 轴_1 轴铰链副"，单击"应用"按钮，如图 3-2-6 所示。

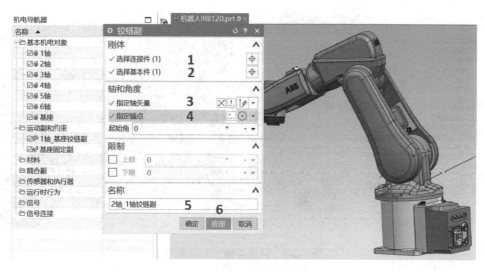

图 3-2-6 新建 2 轴_1 轴铰链副

（6）在"铰链副"对话框"选择连接件"参数中选择 3 轴刚体，在"选择基本件"参数中选择 2 轴刚体，在"指定轴矢量"参数中选择坐标系 2 轴连接面，在"指定锚点"参数中选择 3 轴刚体连接到 2 轴刚体的轴圆心，"起始角"默认为"0°"，在"限制"参数中不设置上下限，将新建的铰链副命名为"3 轴_2 轴铰链副"，单击"应用"按钮，如图 3-2-7 所示。

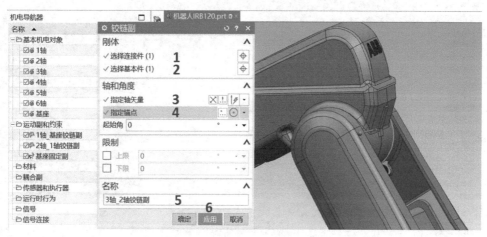

图 3-2-7 新建 3 轴_2 轴铰链副

（7）在"铰链副"对话框"选择连接件"参数中选择 4 轴刚体，在"选择基本件"参数中选择 3 轴刚体，在"指定轴矢量"参数中选择 3 轴连接面，在"指定锚点"参数中选择 4 轴刚体连接到 3 轴刚体的轴圆心，"起始角"默认为"0°"，在"限制"参数中不设置上下限，将新建的铰链副命名为"4 轴_3 轴铰链副"，单击"应用"按钮，如图 3-2-8 所示。

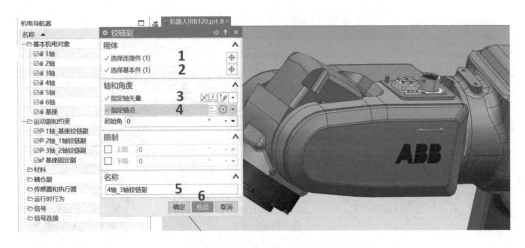

图 3-2-8　新建 4 轴_3 轴铰链副

（8）在"铰链副"对话框"选择连接件"参数中选择 5 轴刚体，在"选择基本件"参数中，选择 4 轴刚体，在"指定轴矢量"参数中选择 4 轴连接面，在"指定锚点"参数中选择 5 轴刚体连接到 4 轴刚体的轴圆心，"起始角"默认为"0°"，在"限制"参数中不设置上下限，将新建的铰链副命名为"5 轴_4 轴铰链副"，单击"应用"按钮，如图 3-2-9 所示。

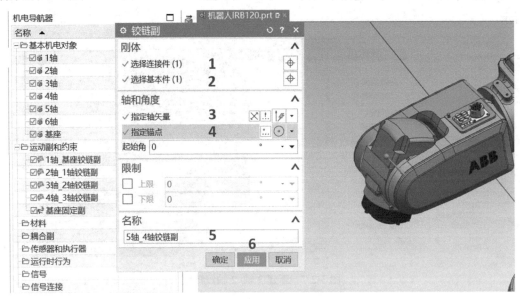

图 3-2-9　新建 5 轴_4 轴铰链副

（9）在"铰链副"对话框"选择连接件"参数中选择 6 轴刚体，在"选择基本件"参数中选择 5 轴刚体，在"指定轴矢量"参数中选择 5 轴连接面，在"指定锚点"参数中选择 6 轴刚体连接到 5 轴刚体的轴圆心，"起始角"默认为"0°"，在"限制"参数中不设置上下限，将新建的铰链副命名为"6 轴_5 轴铰链副"，单击"确定"按钮，如图 3-2-10 所示。

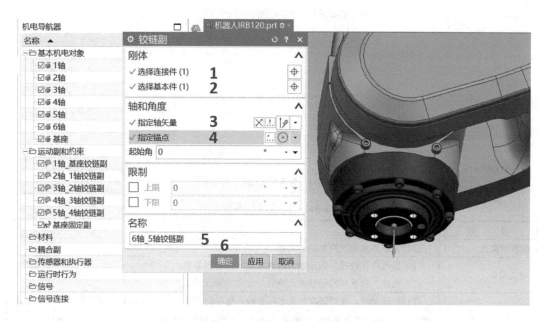

图 3-2-10　新建 6 轴_5 轴铰链副

任务 3　机器人运动控制

［任务描述］

在前期机器人组件刚体和运动副的基础上，本任务运用速度控制、位姿控制驱动机器人关节轴转动，实现机器人运动仿真。

［知识准备］

1. 速度控制

速度控制定义：驱动运动副的刚体以指定的速度运动，既可以用于旋转运动，也可以用于线性运动，还可以通过添加传感器信号用于停止运动。

为创建更真实的运动仿真，可采用以下方法。

（1）对驱动器添加加速度和力限制。

（2）通过信号控制速度控制驱动器的力或力矩。

（3）将速度控制用于传输面，通过信号进行启/停。

"速度控制"对话框如图 3-3-1 所示，各参数定义如表 3-3-1 所示。

图 3-3-1 "速度控制"对话框

表 3-3-1 速度控制参数定义

参　数	定　义
选择对象	选择需要添加速度控制的运动副
轴类型	（1）线性：在选择的运动副为线性运动时选择该类型； （2）角度：在选择的运动副为旋转运动时选择该类型
约束	在线性运动时，在"速度"文本框中输入速度约束值，单位为 mm/s，并可勾选"限制加速度"和"限制力"复选框；在旋转运动时，在"速度"文本框中输入速度约束值，单位为°/s，并可勾选"限制加速度"和"限制扭矩"复选框
名称	设置速度控制名称

2. 位置控制

位置控制定义：驱动运动副的刚体以一定的速度运动到指定的位置，既可以用于旋转运动旋转到指定角度，还可以用于线性运动移动到指定位置。

为创建更真实的运动仿真，可采用以下方法。

（1）控制传输面运动，并在指定位置停止。

（2）添加信号，控制位置控制器的力或扭矩。

（3）勾选"源自外部的数据"复选框，停用位置和速度约束，从而使用反向运动学控制运动副运动。

"位置控制"对话框如图 3-3-2 所示，各参数定义如表 3-3-2 所示。

图 3-3-2 "位置控制"对话框

表 3-3-2 位置控制参数定义

参 数	定 义
选择对象	选择需要添加位置控制的运动副
轴类型	（1）线性：在选择的运动副为线性运动时选择该类型； （2）角度：在选择的运动副为旋转运动时选择该类型
约束	（1）角路径选项：在旋转运动时显示，选项包括沿最短路径、顺时针旋转、逆时针旋转、跟踪多圈； （2）源自外部的数据：勾选时取消激活"约束"组参数，通过外部控制器控制运动副运动 （3）目标：在"目标"文本框中指定目标位置，在线性运动时单位为 mm，在旋转运动时单位为°； （4）速度：在"速度"文本框中指定运动速度，在线性运动时单位为 mm/s，在旋转运动时单位为° /s； 在线性运动时，可勾选"限制加速度"和"限制力"复选框；在旋转运动时，可勾选"限制加速度"和"限制扭矩"复选框
名称	设置位置控制名称

角路径选项类型如图 3-3-3 所示。

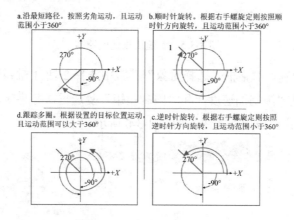

图 3-3-3 角路径选项类型

[任务步骤]

（1）在 MCD 平台下，单击功能区"主页"下的"位置控制"下拉菜单，选择"速度控制"命令，如图 3-3-4 所示，弹出"速度控制"对话框。

图 3-3-4 选择"速度控制"命令

（2）在"速度控制"对话框"选择对象"参数中选择 1 轴_基座铰链副，设置"速度"为"10°/s"，不勾选"限制加速度"和"限制扭矩"复选框，并将新建的速度控制命名为"1 轴速度控制"，单击"应用"按钮，如图 3-3-5 所示。

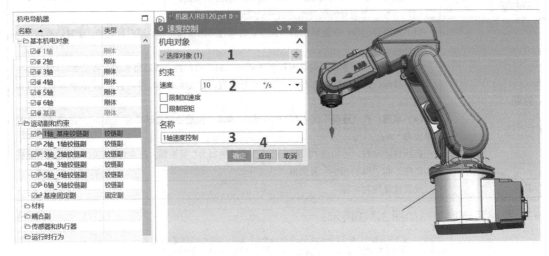

图 3-3-5　新建 1 轴速度控制

（3）在"速度控制"对话框"选择对象"参数中选择 2 轴_1 轴铰链副，设置"速度"为"10°/s"，不勾选"限制加速度"和"限制扭矩"复选框，并将新建的速度控制命名为"2 轴速度控制"，单击"应用"按钮，如图 3-3-6 所示。

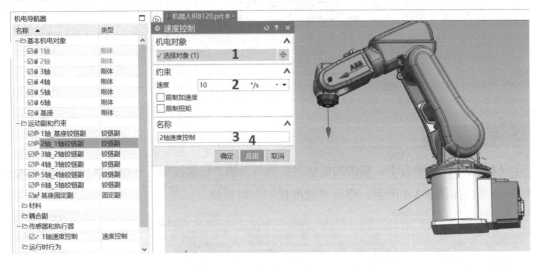

图 3-3-6　新建 2 轴速度控制

（4）在"速度控制"对话框"选择对象"参数中选择 3 轴_2 轴铰链副，设置"速度"为"10°/s"，不勾选"限制加速度"和"限制扭矩"复选框，并将新建的速度控制命名为"3 轴速度控制"，单击"应用"按钮，如图 3-3-7 所示。

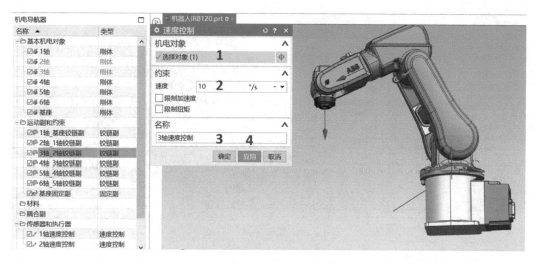

图 3-3-7　新建 3 轴速度控制

（5）在"速度控制"对话框"选择对象"参数中选择 4 轴_3 轴铰链副，设置"速度"为"10°/s"，不勾选"限制加速度"和"限制扭矩"复选框，并将新建的速度控制命名为"4 轴速度控制"，单击"应用"按钮，如图 3-3-8 所示。

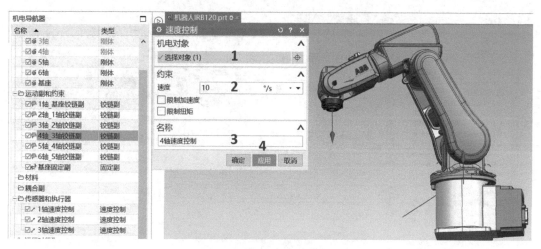

图 3-3-8　新建 4 轴速度控制

（6）在"速度控制"对话框"选择对象"参数中选择 5 轴_4 轴铰链副，设置"速度"为"10°/s"，不勾选"限制加速度"和"限制扭矩"复选框，并将新建的速度控制命名为"5 轴速度控制"，单击"应用"按钮，如图 3-3-9 所示。

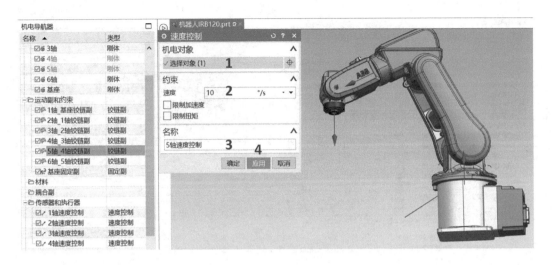

图 3-3-9　新建 5 轴速度控制

（7）在"速度控制"对话框"选择对象"参数中选择 6 轴_5 轴铰链副，设置"速度"为"10°/s"，不勾选"限制加速度"和"限制扭矩"复选框，并将新建的速度控制命名为"6 轴速度控制"，单击"确定"按钮，如图 3-3-10 所示。

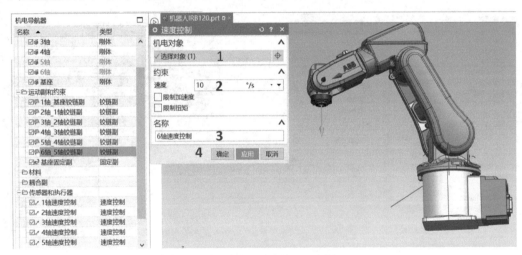

图 3-3-10　新建 6 轴速度控制

（8）单击功能区"主页"下的"播放"命令，开始运动仿真模拟，机器人各关节以指定速度转动；单击功能区"主页"下的"停止"命令，结束运动仿真模拟，如图 3-3-11 所示。

图 3-3-11　单击"播放""停止"命令

（9）在左侧机电导航器中，取消激活 1～6 轴速度控制，如图 3-3-12 所示。

图 3-3-12　取消激活速度控制

（10）单击功能区"主页"下的"位置控制"命令，如图 3-3-13 所示，弹出"位置控制"
对话框。

图 3-3-13　单击"位置控制"命令

（11）在"位置控制"对话框"选择对象"参数中选择 1 轴_基座铰链副，设置"角路
径选项"为"跟踪多圈"，不勾选"源自外部的数据"复选框，设置"目标"为"60°"，
"速度"为"10°/s"，不勾选"限制加速度"和"限制扭矩"复选框，并将新建的位置控制
命名为"1 轴位置控制"，单击"应用"按钮，如图 3-3-14 所示。

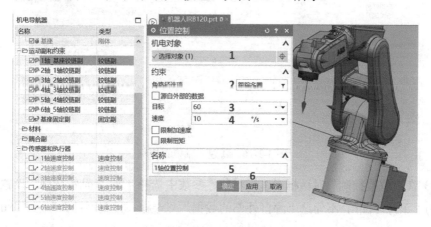

图 3-3-14　新建 1 轴位置控制

（12）在"位置控制"对话框"选择对象"参数中选择2轴_1轴铰链副，设置"角路径选项"为"跟踪多圈"，不勾选"源自外部的数据"复选框，设置"目标"为"60°"，"速度"为"10°/s"，不勾选"限制加速度"和"限制扭矩"复选框，并将新建的位置控制命名为"2轴位置控制"，单击"应用"按钮，如图3-3-15所示。

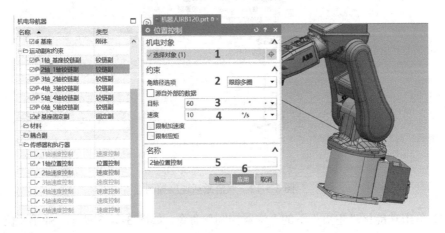

图3-3-15　新建2轴位置控制

（13）在"位置控制"对话框"选择对象"参数中选择3轴_2轴铰链副，设置"角路径选项"为"跟踪多圈"，不勾选"源自外部的数据"复选框，设置"目标"为"60°"，"速度"为"10°/s"，不勾选"限制加速度"和"限制扭矩"复选框，并将新建的位置控制命名为"3轴位置控制"，单击"应用"按钮，如图3-3-16所示。

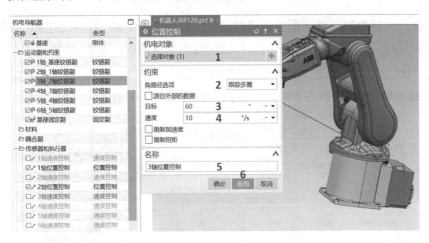

图3-3-16　新建3轴位置控制

（14）在"位置控制"对话框"选择对象"参数中选择4轴_3轴铰链副，设置"角路径选项"为"跟踪多圈"，不勾选"源自外部的数据"复选框，设置"目标"为"180°"，"速度"为"10°/s"，不勾选"限制加速度"和"限制扭矩"复选框，并将新建的位置控制命名为"4 轴位置控制"，单击"应用"按钮，如图 3-3-17 所示。

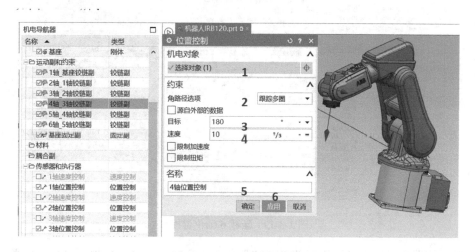

图 3-3-17　新建 4 轴位置控制

（15）在"位置控制"对话框"选择对象"参数中选择 5 轴_4 轴铰链副，设置"角路径选项"为"跟踪多圈"，不勾选"源自外部的数据"复选框，设置"目标"为"60°"，"速度"为"10°/s"，不勾选"限制加速度"和"限制扭矩"复选框，并将新建的位置控制命名为"5 轴位置控制"，单击"应用"按钮，如图 3-3-18 所示。

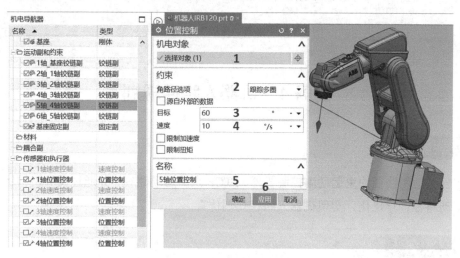

图 3-3-18　新建 5 轴位置控制

（16）在"位置控制"对话框"选择对象"参数中选择 6 轴_5 轴铰链副，设置"角路径选项"为"跟踪多圈"，不勾选"源自外部的数据"复选框，设置"目标"为"360°"，"速度"为"10°/s"，不勾选"限制加速度"和"限制扭矩"复选框，并将新建的位置控制命名为"6 轴位置控制"，单击"确定"按钮，如图 3-3-19 所示。

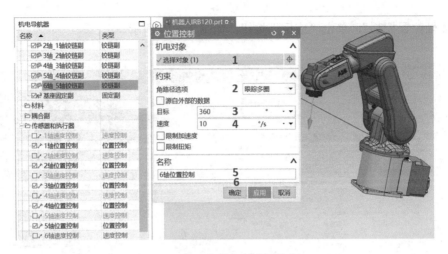

图 3-3-19　新建 6 轴位置控制

（17）单击功能区"主页"下的"播放"命令，开始运动仿真模拟，机器人各关节以一定速度运动到指定位置，然后停止；单击功能区"主页"下的"停止"命令，结束运动仿真模拟，如图 3-3-20 所示。

图 3-3-20　单击"播放""停止"命令

任务 4　机器人路径规划

［任务描述］

本任务运用路径约束运动副控制机器人 TCP 点的运动路径，并通过反算机构驱动对机器人运动路径进行优化，实现机器人路径规划仿真。

［知识准备］

1. 路径约束运动副

路径约束运动副定义：通过创建路径上一系列的点，控制刚体按指定姿态运动到指定位置上。路径约束运动副应用于模拟机器人的运动路径规划。

"路径约束"对话框如图 3-4-1 所示，各参数定义如表 3-4-1 所示。

图 3-4-1 "路径约束"对话框

表 3-4-1 路径约束参数定义

参　　数	定　　义
选择连接件	选择需要添加路径约束运动副的刚体
路径类型	选择所创路径的坐标系类型,选项包括基于坐标系和基于曲线
选择曲线	当路径类型为"基于曲线"时,选择指定曲线
添加新集	添加运动路径上的点
名称	设置路径约束运动副名称

2. 反算机构驱动

反算机构驱动定义:自动创建一系列对象运动路径,并进行优化。

"反算机构驱动"对话框如图 3-4-2 所示,各参数定义如表 3-4-2 所示。

图 3-4-2 "反算机构驱动"对话框

表 3-4-2　反算机构驱动参数定义

参　　数	定　　义
选择对象	选择需要添加反算机构驱动的刚体
起始位置	选择刚体初始参考点和初始参考方位
目标位置	添加刚体运动路径上的一系列点及对应的方位（欧拉角）
避碰	勾选该选项时，计算路径轨迹自动避障
生成轨迹生成器	勾选该选项时，运动结束后生成运动轨迹线
名称	设置反算机构驱动名称

［任务步骤］

（1）在 MCD 平台下，单击功能区"主页"下的"路径约束运动副"下拉菜单，选择"路径约束运动副"命令，如图 3-4-3 所示，弹出"路径约束"对话框。

图 3-4-3　选择"路径约束运动副"命令

（2）在"路径约束"对话框"选择连接件"参数中选择 6 轴刚体，如图 3-4-4 所示。

图 3-4-4　选择 6 轴刚体

（3）设置"路径类型"为"基于坐标系"，"曲线类型"为"样条"，在"添加新集"中添加 4 个路径点，如图 3-4-5 所示。

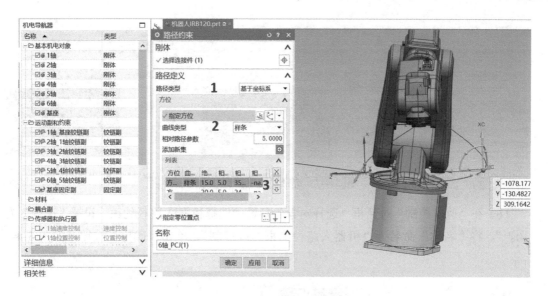

图 3-4-5 添加路径点

（4）将"名称"命名为"机器人路径约束"，单击"确定"按钮，如图 3-4-6 所示。

图 3-4-6 新建机器人路径约束

（5）单击功能区"主页"下的"位置控制"下拉菜单，选择"速度控制"命令，如图 3-4-7 所示，弹出"速度控制"对话框。

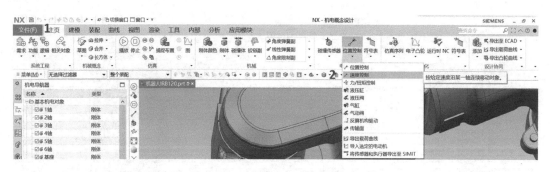

图 3-4-7　选择"速度控制"命令

（6）在"速度控制"对话框"选择对象"参数中选择机器人路径约束，设置"速度"为 "$10s^{-1}$"，将"名称"命名为"机器人路径约束速度控制"，单击"确定"按钮，如图 3-4-8 所示。

图 3-4-8　新建速度约束

（7）单击功能区"主页"下的"约束"下拉菜单，选择"轨迹生成器"命令，如图 3-4-9 所示，弹出"轨迹生成器"对话框。

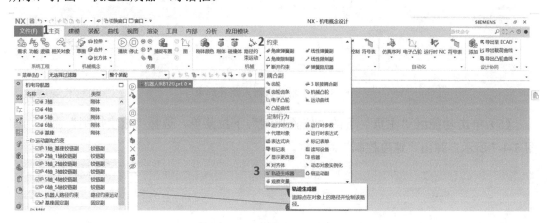

图 3-4-9　选择"轨迹生成器"命令

（8）在"轨迹生成器"对话框"选择对象"参数中选择 6 轴刚体，"指定点"参数默认选择法兰盘 TCP 点，将"名称"命名为"机器人轨迹"，单击"确定"按钮，如图 3-4-10 所示。

图 3-4-10　"轨迹生成器"对话框

（9）单击功能区"主页"下的"播放"命令，开始运动仿真模拟，机器人运动经过路径约束中指定的位置点；单击功能区"主页"下的"停止"命令，结束运动仿真模拟，并生成运动轨迹线，如图 3-4-11 所示。

图 3-4-11　单击"播放""停止"命令

（10）单击功能区"主页"下的"位置控制"下拉菜单，选择"反算机构驱动"命令，如图 3-4-12 所示，弹出"反算机构驱动"对话框。

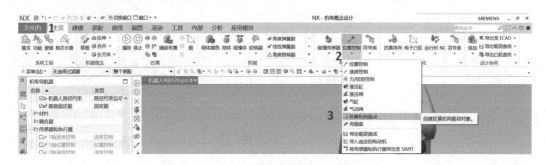

图 3-4-12　选择"反算机构驱动"命令

（11）在"反算机构驱动"对话框"选择对象"参数中选择 6 轴刚体，"指定点"参数默认选择法兰盘 TCP 点，"指定方位"默认，如图 3-4-13 所示。

图 3-4-13   选择 6 轴刚体

（12）在"反算机构驱动"对话框"目标位置"参数中"指定方位"默认，在添加新姿态列表中添加 4 个路径点，勾选"避碰"和"生成轨迹生成器"复选框，将"名称"命名为"机器人反算机构驱动"，单击"应用"按钮，如图 3-4-14 所示。

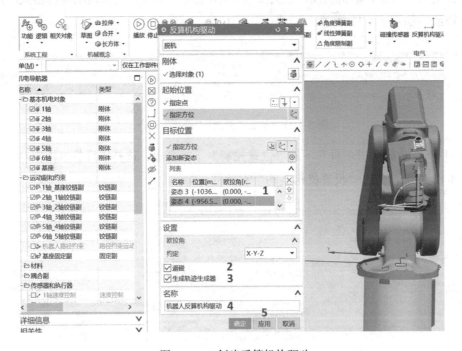

图 3-4-14   创建反算机构驱动

（13）单击功能区"主页"下的"播放"命令，开始运动仿真模拟，机器人运动经过路径约束中指定的位置点；单击功能区"主页"下的"停止"命令，结束运动仿真模拟，并生成运动轨迹线，如图 3-4-15 所示。通过对比可以发现，反算机构驱动生成的轨迹更符合实际机器人的运动轨迹。

图 3-4-15　单击"播放""停止"命令

[知识扩展]

机器人搬运站路径规划

学习情境描述

在学习 UG NX—MCD 平台六轴机器人路径规划的基础上，通过机器人搬运站作为 MCD 运动仿真范例进行任务考核，巩固掌握"机电对象定义→运动副及约束定义→速度控制→路径规划"完整工作流程的操作，真正实现做中学，在提升实践能力的同时，培养学生技术创新精神。

学习目标

1. 掌握机器人机电对象的设置方法；
2. 掌握速度控制、位置控制驱动器的设置方法；
3. 掌握路径约束运动副的定义方法；
4. 掌握反算机构驱动的设置方法。

任务书

在机器人搬运站中，六轴机器人依次完成码垛训练区棋盘物料的搬运工作，要求基于 UG NX—MCD 平台完成机器人搬运站路径规划。

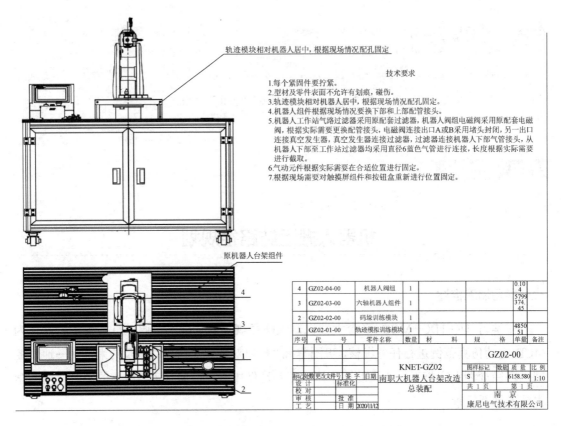

轨迹模块相对机器人居中，根据现场情况配孔固定

技术要求
1.每个紧固件要拧紧。
2.型材及零件表面不允许有划痕，碰伤。
3.轨迹模块相对机器人居中，根据现场情况配孔固定。
4.机器人组件根据现场情况要换下部和上部配管接头。
5.机器人工作站气路过滤器采用原配套过滤器，机器人阀组电磁阀采用原配套电磁阀，根据实际需要更换配管接头，电磁阀连接出口A或B采用堵头封闭，另一出口连接真空发生器，真空发生器连接过滤器，过滤器连接机器人下部气管接头，从机器人下部至工作站过滤器均采用直径6蓝色气管进行连接，长度根据实际需要进行截取。
6.气动元件根据实际需要在合适位置进行固定。
7.根据现场需要对触摸屏组件和按钮盒重新进行位置固定。

原机器人台架组件

4	GZ02-04-00	机器人阀组	1			0.10 4	
3	GZ02-03-00	六轴机器人组件	1			5799 374. 45	
2	GZ02-02-00	码垛训练模块	1				
1	GZ02-01-00	轨迹模拟训练模块	1			4850 51	
序号	代 号	零件名称	数量	材 料	规 格	单量	备注

					GZ02-00		
			KNET-GZ02 南职大机器人台架改造 总装配		图样标记	数量	质量	比例
标记 处数 更改文件号	签 字	日期			S		6158.580	1:10
设 计	标准化				共 1 页	第 1 页
校 对					南 京
审 核	批 准				康尼电气技术有限公司
工 艺	日 期	2020/11/12			

获取信息

引导问题 1：工业六轴机器人由哪些机械结构组成？请在下图中的相应位置标出。

引导问题 2：工业六轴机器人通过 6 个关节串联实现在空间中运动，请绘制机构运动简图。

引导问题 3：速度控制与位置控制有什么不同？分别在什么场合中使用？

引导问题 4：如何实现机器人路径规划？路径约束运动副与反算机构驱动有什么区别？

⮊ 工作计划

制订运动仿真方案，并填入下表中。

步　骤	工　作　内　容	负　责　人

⮊ 工作实施

（1）绘制机器人搬运站工作流程图。

（2）按照本组制订的计划（最佳方案）填写下表。

序　号	对　象	刚　体	碰　撞　体	传　感　器	运　动　副	执　行　器

（3）绘制搬运站机器人末端 TCP 点运动路径图。

评价反馈

姓名				日期	
评价指标	评价要素		分数	得分	备注
信息检索	能有效地利用网络资源，快速准确地收集相关资料；能将查找到的信息有效地转换到工作任务中		10		
工作态度	工作态度端正，注意力集中，工作积极主动，在工作中获得满足感		10		
参与态度	具有一定的组织、协调能力，积极与他人合作，共同完成工作任务		5		
知识能力	知识准备充分，运用熟练正确，工作计划符合规范要求		10		
项目实施	仿真方案正确，与实际设备允许一致		30		
	操作安全性		10		
	完成时间		10		
成果展示	作品完善、操作方便、功能多样、符合预期		5		
	积极、主动、大方		5		
	展示过程中语言流畅、逻辑性强、表达准确		5		
分数			100		
有益的经验和做法					
总结、反思及建议					

项目四

机器人装配站工作仿真

[项目介绍]

前期六轴机器人路径规划仿真案例是在路径约束运动副和反向动力学中定义机器人末端 TCP 点的关键位置点，中间轨迹只能沿指定曲线（直线或样条曲线），无法精确定义，本项目针对每个独立关键轴，定义运动曲线和电子凸轮，实现路径的精确定义。该机器人装配站为西门子智能生产线装配工艺模块，现实与虚拟相结合，真实检验仿真结果。

[教学目标]

知识目标

1. 掌握齿轮副的定义方法；
2. 掌握运动曲线的分类及定义；
3. 掌握电子凸轮的定义方法。

技能目标

1. 能熟练进行齿轮副的定义。
2. 能通过运动曲线完成机器人转动关节的定义；
3. 能使用电子凸轮精确定义机器人运动轨迹。

素质目标

1. 具有高度的职业责任心、严谨的工作作风、认真的工作态度；
2. 具有强烈的进取精神，以及认真、刻苦钻研业务的素质；
3. 具有精益求精的工匠精神；
4. 具有坚定正确的政治信念和创新精神。

任务 1　机器人装配站机电对象定义

［任务描述］

将机器人装配站各运动部件定义为刚体和碰撞体，相对运动关系定义为运动副。通过固定副定义手爪与物料之间的相对静止关系，实现物料的抓取、释放。

［知识准备］

1．机器人装配站工作流程

机器人装配站是西门子生产线的一部分，如图 4-1-1 所示，由 1 料盘、2 传送带、3 冲压装置、4 工业机器人、5 装配盘组成，各部分协调工作，实现底座、杯壁与杯盖的装配。

机器人装配站工作流程如图 4-1-2 所示，包括原料进料→取手爪 1→搬运底座入装配区→换手爪 2→搬运杯壁→搬运杯盖→杯盖组装完成，成品放回底盘→放手爪→成品出料。

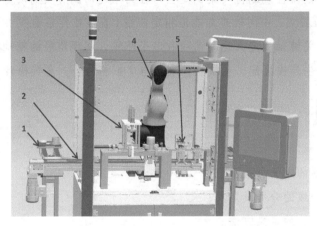

图 4-1-1　机器人装配站

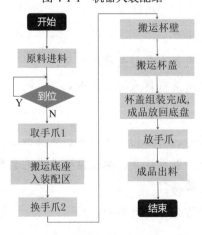

图 4-1-2　机器人装配站工作流程

2. 齿轮副

使用齿轮副命令连接两个轴运动副，使它们以固定的比例传递运动。对于齿轮副：①所选择的两个轴运动副必须公用一个基本件；②齿轮副的传动比为轴运动副的速度比；③齿轮副并未考虑接触力，如齿轮齿之间的摩擦力。

"齿轮"对话框如图 4-1-3 所示，各参数定义如表 4-1-1 所示。

图 4-1-3　"齿轮"对话框

表 4-1-1　齿轮副参数定义

参　数	定　义
选择主对象	选择作为主运动的运动副
选择从对象	选择作为从运动的运动副，其运动副类型必须和主对象一致
约束	设置主、从运动的传动比
滑动	勾选此选项后，运行过程中会产生轻微的滑动
名称	设置齿轮副名称

[任务步骤]

（1）打开文件"1_组装压装工位 2.prt"，进入 MCD 环境，单击功能区"主页"下的"刚体"命令，如图 4-1-4 所示，弹出"刚体"对话框。

图 4-1-4　单击"刚体"命令

（2）在"刚体"对话框"选择对象"参数中框选机器人底座几何体组件，"质量属性"默认为"自动"，将新建的刚体命名为"底座"，单击"确定"按钮，如图 4-1-5 所示。

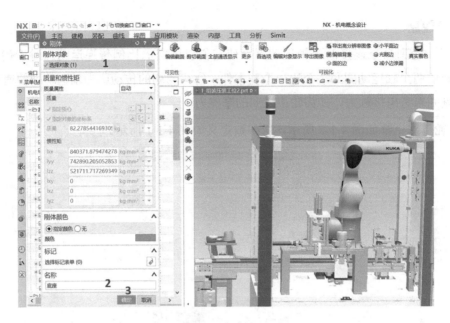

图 4-1-5　新建底座刚体

（3）在"刚体"对话框"选择对象"参数中框选机器人腰部几何体组件，"质量属性"默认为"自动"，将新建的刚体命名为"1 轴"，单击"确定"按钮，如图 4-1-6 所示。

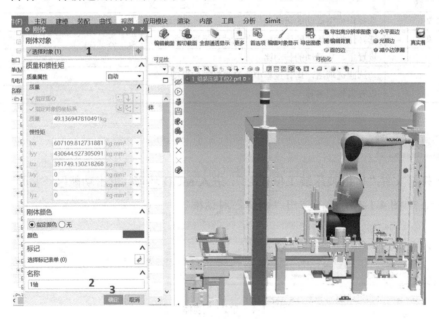

图 4-1-6　新建 1 轴刚体

（4）在"刚体"对话框"选择对象"参数中框选机器人大臂几何体组件，"质量属性"默认为"自动"，将新建的刚体命名为"2 轴"，单击"确定"按钮，如图 4-1-7 所示。

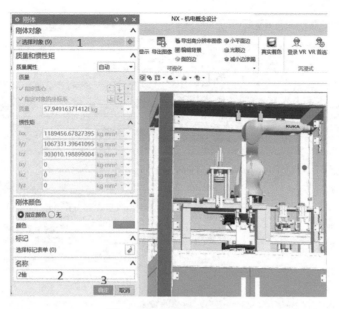

图 4-1-7　新建 2 轴刚体

（5）在"刚体"对话框"选择对象"参数中框选机器人小臂几何体组件，"质量属性"默认为"自动"，将新建的刚体命名为"3 轴"，单击"确定"按钮，如图 4-1-8 所示。

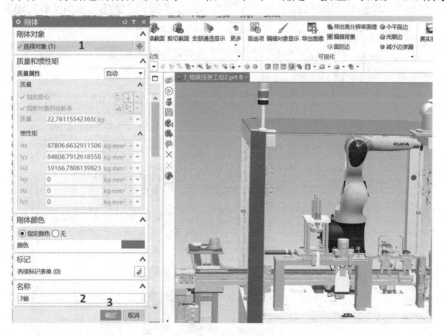

图 4-1-8　新建 3 轴刚体

（6）在"刚体"对话框"选择对象"参数中框选机器人肘部几何体组件，"质量属性"默认为"自动"，将新建的刚体命名为"4 轴"，单击"确定"按钮，如图 4-1-9 所示。

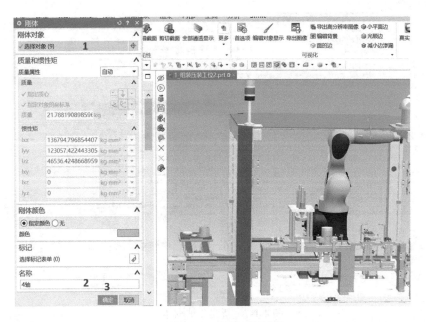

图 4-1-9 新建 4 轴刚体

（7）在"刚体"对话框"选择对象"参数中框选机器人腕部几何体组件，"质量属性"默认为"自动"，将新建的刚体命名为"5 轴"，单击"确定"按钮，如图 4-1-10 所示。

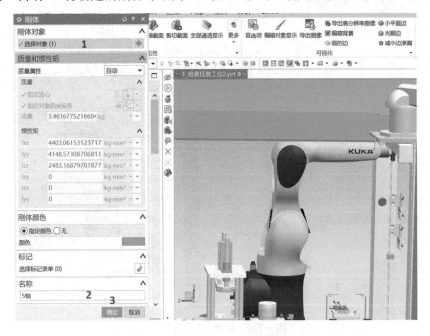

图 4-1-10 新建 5 轴刚体

（8）在"刚体"对话框"选择对象"参数中框选机器人手部几何体组件，"质量属性"默认为"自动"，将新建的刚体命名为"6 轴"，单击"确定"按钮，如图 4-1-11 所示。

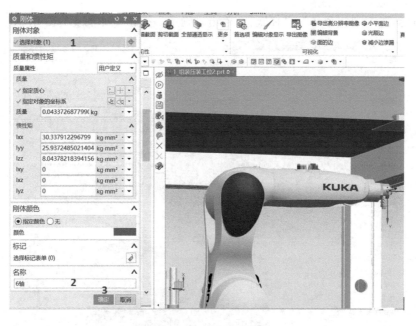

图 4-1-11　新建 6 轴刚体

（9）在"刚体"对话框"选择对象"参数中框选杯壁几何体组件，"质量属性"默认为"自动"，将新建的刚体命名为"杯壁"，单击"确定"按钮，如图 4-1-12 所示。

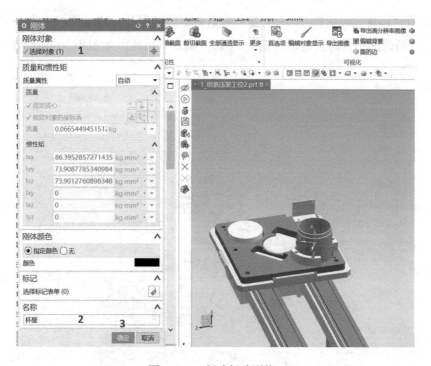

图 4-1-12　新建杯壁刚体

（10）在"刚体"对话框"选择对象"参数中框选杯底几何体组件，"质量属性"默认为

"自动"，将新建的刚体命名为"杯底"，单击"确定"按钮，如图 4-1-13 所示。

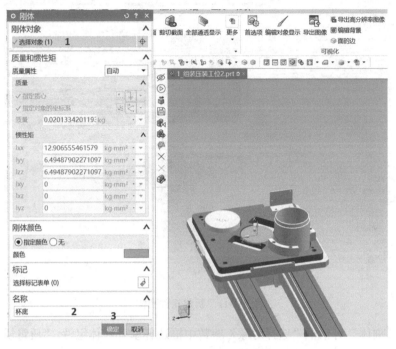

图 4-1-13　新建杯底刚体

（11）在"刚体"对话框"选择对象"参数中框选杯盖几何体组件，"质量属性"默认为"自动"，将新建的刚体命名为"杯盖"，单击"确定"按钮，如图 4-1-14 所示。

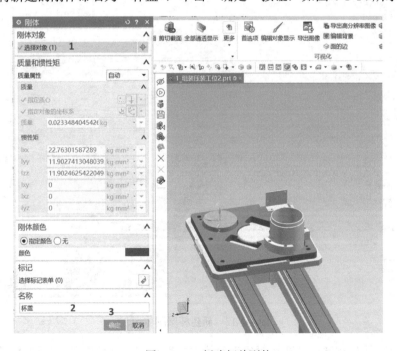

图 4-1-14　新建杯盖刚体

（12）在"刚体"对话框"选择对象"参数中选择工具 1 和工具 2 的右爪几何体组件，"质量属性"默认为"自动"，将新建的刚体命名为"右爪"和"右爪_2"，单击"确定"按钮，如图 4-1-15 所示。

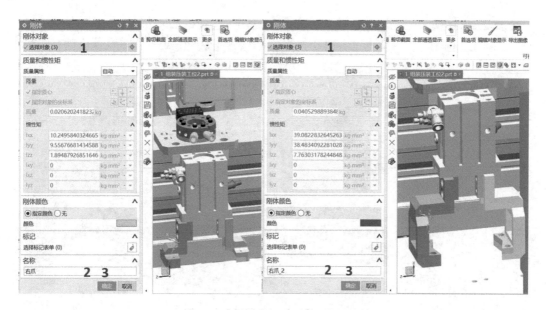

图 4-1-15　新建右爪和右爪_2 刚体

（13）在"刚体"对话框"选择对象"参数中选择工具 1 和工具 2 的左爪几何体组件，"质量属性"默认为"自动"，将新建的刚体命名为"左爪"和"左爪_2"，单击"确定"按钮，如图 4-1-16 所示。

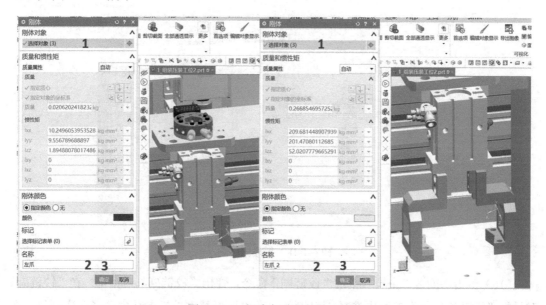

图 4-1-16　新建左爪和左爪_2 刚体

（14）在"刚体"对话框"选择对象"参数中选择工具 1 和工具 2 的爪身几何体组件，"质量属性"默认为"自动"，将新建的刚体命名为"抓手身"和"抓手身_2"，单击"确定"按钮，如图 4-1-17 所示。

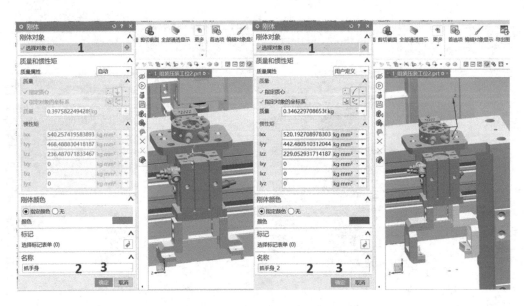

图 4-1-17　新建抓手身和抓手身_2 刚体

（15）单击功能区"主页"下的"铰链副"下拉菜单，选择"固定副"命令，弹出"固定副"对话框。在"固定副"对话框"选择连接件"参数中选择底座刚体，"选择基本件"参数为空，将新建的固定副命名为"底座_FixedJoint(1)"，单击"确定"按钮，如图 4-1-18 所示。

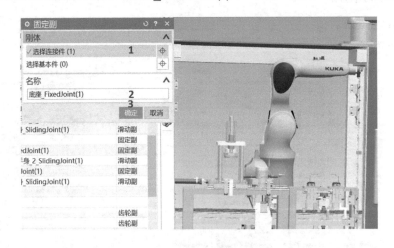

图 4-1-18　新建固定副

（16）单击功能区"主页"下的"铰链副"命令，弹出"铰链副"对话框。在"铰链副"对话框"选择连接件"参数中选择 1 轴刚体，在"选择基本件"参数中选择底座刚体，在

"指定轴矢量"参数中选择垂直于底座连接面，在"指定锚点"参数中选择1轴刚体连接到底座刚体的轴圆心，"起始角"默认为"0°"，在"限制"参数中不设置上下限，将新建的铰链副命名为"1轴_底座_HJ(1)"，单击"确定"按钮，如图4-1-19所示。

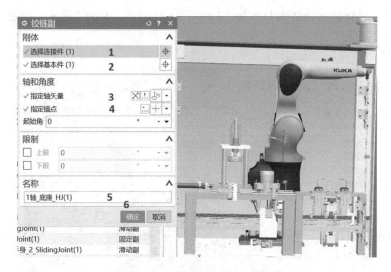

图4-1-19　新建1轴_底座铰链副

（17）在"铰链副"对话框"选择连接件"参数中选择2轴刚体，在"选择基本件"参数中，选择1轴刚体，在"指定轴矢量"参数中选择垂直于1轴连接面，在"指定锚点"参数中选择2轴刚体连接到1轴刚体的轴圆心，"起始角"默认为"0°"，在"限制"参数中不设置上下限，将新建的铰链副命名为"2轴_1轴_HJ(1)"，单击"确定"按钮，如图4-1-20所示。

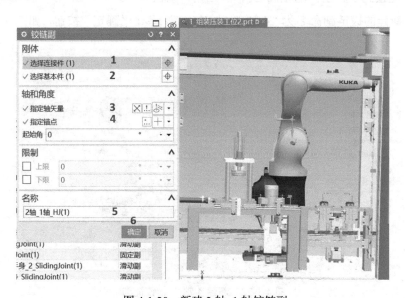

图4-1-20　新建2轴_1轴铰链副

（18）在"铰链副"对话框"选择连接件"参数中选择 3 轴刚体，在"选择基本件"参数中选择 2 轴刚体，在"指定轴矢量"参数中选择坐标系 2 轴连接面，在"指点锚点"参数中选择 3 轴刚体连接到 2 轴刚体的轴圆心，"起始角"默认为"0°"，在"限制"参数中不设置上下限，将新建的铰链副命名为"3 轴_2 轴_HJ(1)"，单击"确定"按钮，如图 4-1-21 所示。

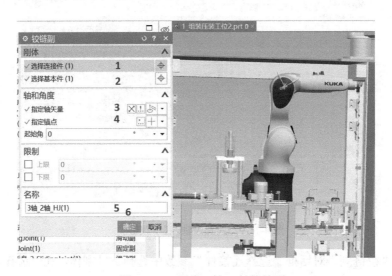

图 4-1-21 新建 3 轴_2 轴铰链副

（19）在"铰链副"对话框"选择连接件"参数中选择 4 轴刚体，在"选择基本件"参数中选择 3 轴刚体，在"指定轴矢量"参数中选择 3 轴连接面，在"指定锚点"参数中选择 4 轴刚体连接到 3 轴刚体的轴圆心，"起始角"默认为"0°"，在"限制"参数中不设置上下限，将新建的铰链副命名为"4 轴_3 轴_HJ(1)"，单击"确定"按钮，如图 4-1-22 所示。

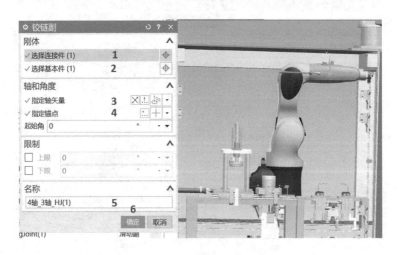

图 4-1-22 新建 4 轴_3 轴铰链副

（20）在"铰链副"对话框"选择连接件"参数中选择 5 轴刚体，在"选择基本件"参数中选择 4 轴刚体，在"指定轴矢量"参数中选择 4 轴连接面，在"指定锚点"参数中选择 5 轴刚体连接到 4 轴刚体的轴圆心，"起始角"默认为"0°"，在"限制"参数中不设置上下限，将新建的铰链副命名为"5 轴_4 轴_HJ(1)"，单击"确定"按钮，如图 4-1-23 所示。

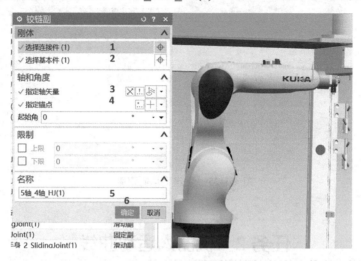

图 4-1-23　新建 5 轴_4 轴铰链副

（21）在"铰链副"对话框"选择连接件"参数中选择 6 轴刚体，在"选择基本件"参数中选择 5 轴刚体，在"指定轴矢量"参数中选择 5 轴连接面，在"指定锚点"参数中选择 6 轴刚体连接到 5 轴刚体的轴圆心，"起始角"默认为"0°"，在"限制"参数中不设置上下限，将新建的铰链副命名为"6 轴_5 轴_HJ(1)"，单击"确定"按钮，如图 4-1-24 所示。

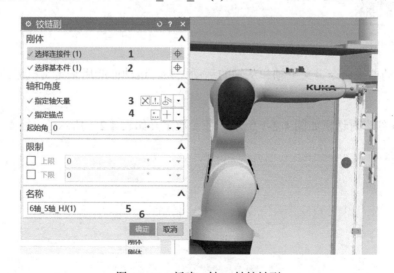

图 4-1-24　新建 6 轴_5 轴铰链副

（22）为实现物料抓取，在"固定副"对话框中，"选择连接件"参数为空，在"选择基本件"参数中选择工具左爪，将分别新建的固定副命名为"左爪_FixedJoint(1)"和"左爪2_FixedJoint(1)"，单击"确定"按钮，如图4-1-25所示。

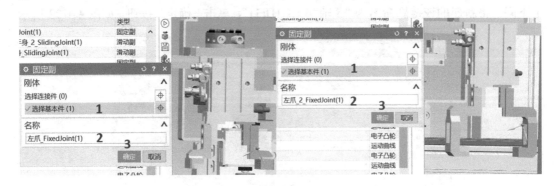

图4-1-25　新建手爪固定副

任务2　机器人运动曲线

［任务描述］

在前期机器人组件刚体和运动副的基础上，本任务运用位置控制、运动曲线、电子凸轮等命令，定义机器人6个转动轴，实现机器人轨迹的精确定义。

［知识准备］

1. 运动曲线

使用运动曲线命令定义主轴和从轴的运动关系。运动曲线用来定义机械凸轮或电子凸轮耦合副。

"运动曲线"对话框如图4-2-1所示，各参数定义如表4-2-1所示。

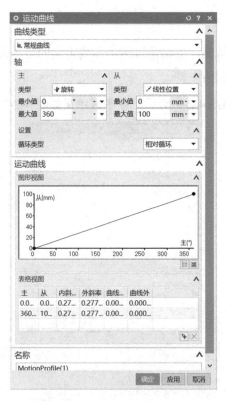

图 4-2-1　"运动曲线"对话框

表 4-2-1　运动曲线参数定义

参　　数	定　　义
主轴	选择主轴的运动类型，包括线性、旋转和时间，并设置主轴运动的最大值、最小值
从轴	选择从轴的运动类型，包括线性位置、旋转位置、线性速度和选择速度，并设置从轴运动的最大值、最小值
循环类型	运动曲线分为 3 种循环类型，如图 4-2-2 所示
图形视图	可通过单击鼠标右键添加运动点，并绘制运动曲线
表格视图	显示运动曲线各点的具体参数，可通过"添加"按钮添加运动点
名称	设置运动曲线名称

运动曲线循环类型如图 4-2-2 所示。

a. 相对循环。"从轴"的起点和终点可以不重合，但是起点和终点的斜率和曲线必须一致

b. 循环。"从轴"的起点和终点的大小和曲率必须一致

c. 非循环。只循环一次

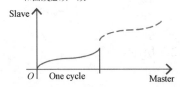
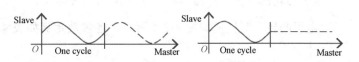

图 4-2-2　运动曲线循环类型

2．机械凸轮

机械凸轮连接主轴和从轴，主轴通过运动曲线定义的运动关系驱动从轴运动。从轴的作用力会通过机械凸轮反馈给主轴。

"机械凸轮"对话框如图 4-2-3 所示，各参数定义如表 4-2-2 所示。

图 4-2-3　"机械凸轮"对话框

表 4-2-2　"机械凸轮"参数定义

参　数	定　义
选择主对象	选择作为主运动的运动副
选择从对象	选择作为从运动的运动副
曲线	选择定义好的运动曲线，或重新创建
主/从偏移	设置主/从轴在运动曲线上的偏移值
主/从比例因子	设置主/从轴传动比
滑动	是否允许轻微滑动
根据曲线创建凸轮圆盘	是否根据定义好的运动曲线创建凸轮圆盘
名称	设置机械凸轮名称

3．电子凸轮

电子凸轮能够使执行器按照指定的运动曲线运动。

"电子凸轮"对话框如图 4-2-4 所示，各参数定义如表 4-2-3 所示。

图 4-2-4　"电子凸轮"对话框

表 4-2-3　电子凸轮参数定义

参　数	定　义
轴控制	选择需要控制的执行器，并选择主类型：时间、轴、信号
曲线	选择定义好的运动曲线，或重新创建
设置	设置包括： （1）初始时间：设置主轴在运动曲线的偏移时间； （2）从偏移：设置从轴在运动曲线的偏移值； （3）从比例因子：从轴的比例系数
名称	设置电子凸轮名称

［任务步骤］

（1）在 MCD 平台下，单击功能区"主页"下的"位置控制"命令，如图 4-2-5 所示，弹出"位置控制"对话框。

图 4-2-5　单击"位置控制"命令

（2）在"位置控制"对话框"选择对象"参数中，选择 1 轴_底座铰链副，设置"角路径选项"为"沿最短路径"，不勾选"源自外部的数据"复选框，设置"目标"为"0°"，"速度"为"0°/s"，不勾选"限制加速度"和"限制扭矩"复选框，并将新建的位置控制命名为"1 轴_底座_HJ(1)_PC(1)"，单击"确定"按钮，如图 4-2-6 所示。

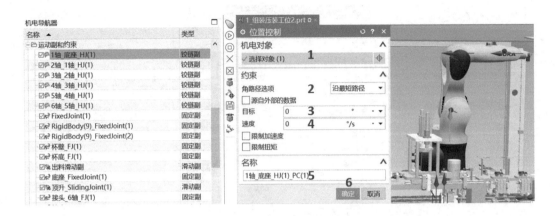

图 4-2-6　新建 1 轴_底座位置控制

（3）在"位置控制"对话框"选择对象"参数中选择 2 轴_1 轴铰链副，设置"角路径选项"为"沿最短路径"，不勾选"源自外部的数据"复选框，设置"目标"为"0°"，"速度"为"0°/s"，不勾选"限制加速度"和"限制扭矩"复选框，并将新建的位置控制命名为"2 轴_1 轴_HJ(1)_PC(1)"，单击"确定"按钮，如图 4-2-7 所示。

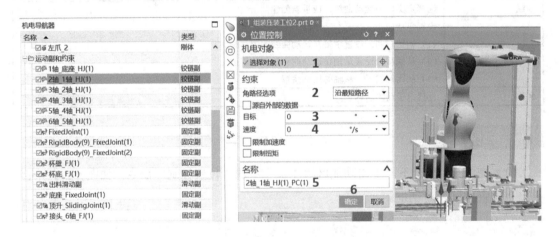

图 4-2-7　新建 2 轴_1 轴位置控制

（4）在"位置控制"对话框"选择对象"参数中选择 3 轴_2 轴铰链副，设置"角路径选项"为"沿最短路径"，不勾选"源自外部的数据"复选框，设置"目标"为"0°"，"速度"为"0°/s"，不勾选"限制加速度"和"限制扭矩"复选框，并将新建的位置控制命名为"3 轴_2 轴_HJ(1)_PC(1)"，单击"确定"按钮，如图 4-2-8 所示。

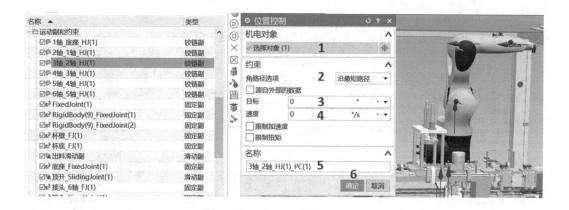

图 4-2-8　新建 3 轴_2 轴位置控制

（5）在"位置控制"对话框"选择对象"参数中选择 4 轴_3 轴铰链副，设置"角路径选项"为"沿最短路径"，不勾选"源自外部的数据"复选框，设置"目标"为"0°"，"速度"为"0°/s"，不勾选"限制加速度"和"限制扭矩"复选框，并将新建的位置控制命名为"4 轴_3 轴_HJ(1)_PC(1)"，单击"确定"按钮，如图 4-2-9 所示。

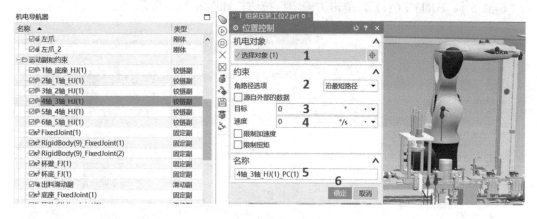

图 4-2-9　新建 4 轴_3 轴位置控制

（6）在"位置控制"对话框"选择对象"参数中选择 5 轴_4 轴铰链副，设置"角路径选项"为"沿最短路径"，不勾选"源自外部的数据"复选框，设置"目标"为"0°"，"速度"为"0°/s"，不勾选"限制加速度"和"限制扭矩"复选框，并将新建的位置控制命名为"5 轴_4 轴_HJ(1)_PC(1)"，单击"确定"按钮，如图 4-2-10 所示。

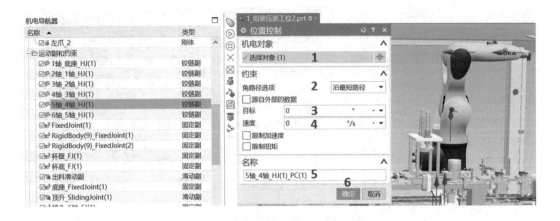

图 4-2-10　新建 5 轴_4 轴位置控制

（7）在"位置控制"对话框"选择对象"参数中选择 6 轴_5 轴铰链副，设置"角路径选项"为"沿最短路径"，不勾选"源自外部的数据"复选框，设置"目标"为"0°"，"速度"为"0°/s"，不勾选"限制加速度"和"限制扭矩"复选框，并将新建的位置控制命名为"6 轴_5 轴_HJ(1)_PC(1)"，单击"确定"按钮，如图 4-2-11 所示。

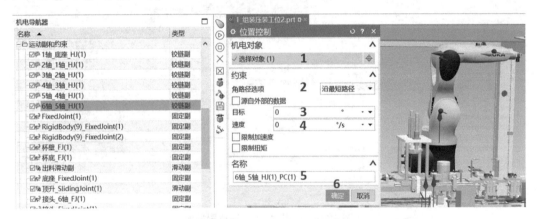

图 4-2-11　新建 6 轴_5 轴位置控制

（8）单击功能区"主页"下的"约束"下拉菜单，选择"运动曲线"命令，如图 4-2-12 所示，弹出"运动曲线"对话框。

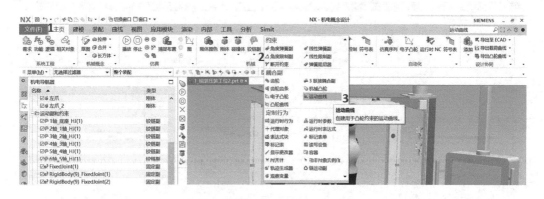

图 4-2-12　选择"运动曲线"命令

（9）在"运动曲线"对话框中，设置"主—类型"为"时间"，"主—最小值"为"0.000000s"，"主—最大值"为"60s"，"从—类型"为"旋转位置"，"从—最小值"为"-360°"，"从—最大值"为"360°"，在表格视图中根据机器人离线仿真软件导出的运动数据创建运动曲线，单击"确定"按钮，依次创建 6 个转动轴的运动曲线，"名称"分别为"J1_1""J2_1""J3_1""J4_1""J5_1""J6_1"，如图 4-2-13 所示。

图 4-2-13　创建各转动轴的运动曲线

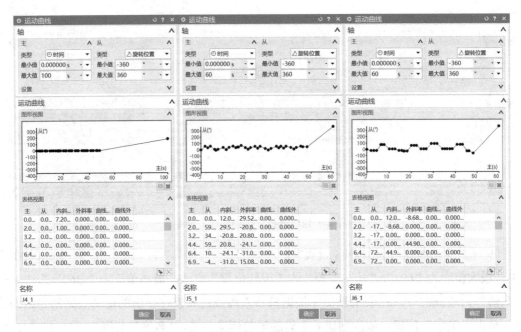

图 4-2-13　创建各转动轴的运动曲线（续）

（10）单击功能区"主页"下的"约束"下拉菜单，选择"电子凸轮"命令，如图 4-2-14 所示，弹出"电子凸轮"对话框。

图 4-2-14　选择"电子凸轮"命令

（11）在"电子凸轮"对话框中，设置"主类型"为"时间"，在"选择从轴控制"参数中选择 1 轴_底座位置控制，设置"曲线"为"J1_1"，"初始时间"为"0s"，"从偏移"为"0°"，"从比例因子"为"1"，名称为"J1"，单击"确定"按钮，如图 4-2-15 所示。

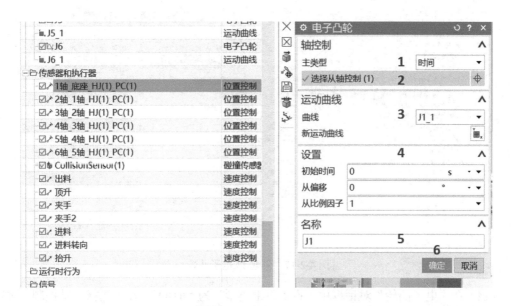

图 4-2-15 创建 J1 电子凸轮

（12）在"电子凸轮"对话框中，设置"主类型"为"时间"，在"选择从轴控制"参数中选择 2 轴_1 轴位置控制，设置"曲线"为"J2_1"，"初始时间"为"0s"，"从偏移"为"0°"，"从比例因子"为"1"，名称为"J2"，单击"确定"按钮，如图 4-2-16 所示。

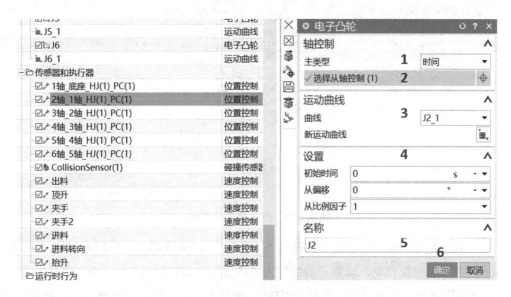

图 4-2-16 创建 J2 电子凸轮

（13）在"电子凸轮"对话框中，设置"主类型"为"时间"，在"选择从轴控制"参数中选择 3 轴_2 轴位置控制，设置"曲线"为"J3_1"，"初始时间"为"0s"，"从偏移"为"0°"，"从比例因子"为"1"，名称为"J3"，单击"确定"按钮，如图 4-2-17 所示。

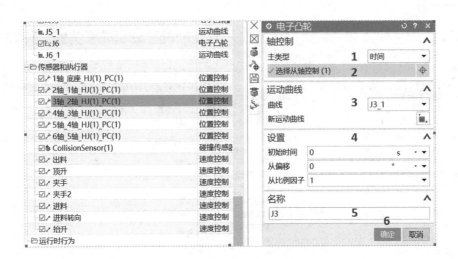

图 4-2-17　创建 J3 电子凸轮

（14）在"电子凸轮"对话框中，设置"主类型"为"时间"，在"选择从轴控制"参数中选择 4 轴_3 轴位置控制，设置"曲线"为"J4_1"，"初始时间"为"0s"，"从偏移"为"0°"，"从比例因子"为"1"，名称为"J4"，单击"确定"按钮，如图 4-2-18 所示。

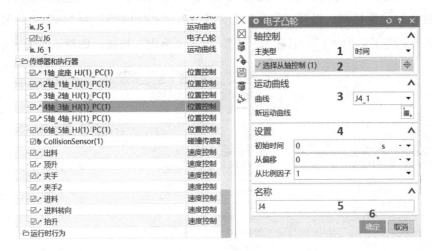

图 4-2-18　创建 J4 电子凸轮

（15）在"电子凸轮"对话框中，设置"主类型"为"时间"，在"选择从轴控制"参数中选择 5 轴_4 轴位置控制，设置"曲线"为"J5_1"，"初始时间"为"0s"，"从偏移"为"0°"，"从比例因子"为"1"，名称为"J5"，单击"确定"按钮，如图 4-2-19 所示。

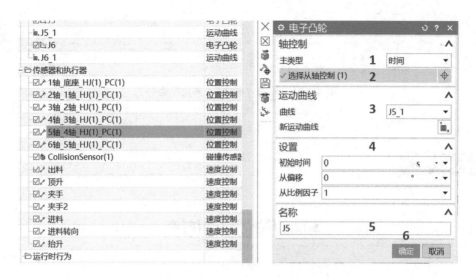

图 4-2-19　创建 J5 电子凸轮

（16）在"电子凸轮"对话框中，设置"主类型"为"时间"，在"选择从轴控制"参数中选择 6 轴_5 轴位置控制，设置"曲线"为"J6_1"，"初始时间"为"0s"，"从偏移"为"0°"，"从比例因子"为"1"，名称为"J6"，单击"确定"按钮，如图 4-2-20 所示。

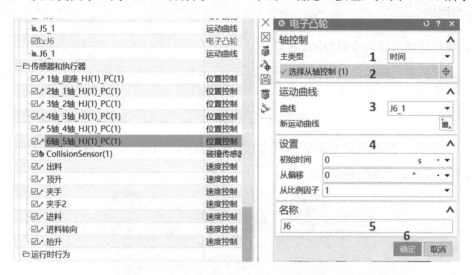

图 4-2-20　创建 J6 电子凸轮

（17）单击功能区"主页"下的"播放"命令，开始运动仿真模拟，机器人各关节以一定速度运动到指定位置，依次完成"原料进料→取手爪 1→搬运底座入装配区→换手爪 2→搬运杯壁→搬运杯盖→杯盖组装完成，成品放回底盘→放手爪→成品出料"工作流程，然后停止；单击功能区"主页"下的"停止"命令，结束运动仿真模拟，如图 4-2-21 所示。

图 4-2-21　单击"播放""停止"命令

［知识扩展］

机械凸轮运动仿真

🔖 学习情境描述

利用机械凸轮作为任务评价案例，考核学生对运动曲线、机械凸轮命令的掌握情况，学生需及时复习，查漏补缺，巩固所学的新知识。

🔖 学习目标

1. 掌握运动曲线的设置方法；
2. 掌握机械凸轮的定义方法。

🔖 任务书

如下图所示，转动机械凸轮带动与其上表面接触的连杆运动，请根据下表中的凸轮运动曲线，完成机械凸轮运动仿真。

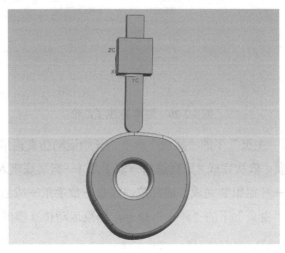

序号	主（凸轮旋转角度/°）	从（连杆移动位置/mm）
1	0	0
2	47.4	12.6
3	196.5	12.6
4	249	0
5	360	0

获取信息

引导问题 1：铰链副与滑动副有什么不同？分别在什么场合中使用？

引导问题 2：请绘制凸轮运动曲线图。

工作计划

制订运动仿真方案，并填入表中。

步　骤	工　作　内　容	负　责　人

⤵ 工作实施

按照本组制订的计划（最佳方案），填写下表。

序　　号	对　　象	刚　　体	碰　撞　体	执　行　器	运 动 曲 线	机 械 凸 轮

⤵ 评价反馈

姓名			日期		
评价指标	评价要素		分数	得分	备注
信息检索	能有效地利用网络资源，快速准确地收集相关资料；能将查找到的信息有效地转换到工作任务中		10		
工作态度	工作态度端正，注意力集中，工作积极主动，在工作中获得满足感		10		
参与态度	具有一定的组织、协调能力，积极与他人合作，共同完成工作任务		5		
知识能力	知识准备充分，运用熟练正确，工作计划符合规范要求		10		
项目实施	仿真方案正确，与实际设备允许一致		30		
	操作安全性		10		
	完成时间		10		
成果展示	作品完善、操作方便、功能多样、符合预期		5		
	积极、主动、大方		5		
	展示过程中语言流畅、逻辑性强、表达准确		5		
分数			100		
有益的经验和做法					
总结、反思及建议					

项目五

机器人冲压生产线仿真序列

[项目介绍]

本项目在机器人路径规划的基础上，通过将机器人冲压生产线作为 MCD 运动仿真范例，演示 MCD 仿真工作流程"机电对象定义→运动副及约束定义→速度位置控制→仿真序列"，工作站与实训平台完全对应，现实与虚拟相结合，可提高学生的积极性，增加沉浸感，真正实现做中学，在提升实践能力的同时，培养学生技术创新精神。

[教学目标]

知识目标

1. 了解机器人工作站的基本组成；

2. 了解机器人工作站的工作流程；

3. 理解仿真序列的属性含义。

技能目标

1. 能熟练进行基本运动副的定义；

2. 能熟练进行传输面的定义；

3. 能运用仿真序列模拟工作站的完整操作流程。

素质目标

1. 具有高度的职业责任心、严谨的工作作风、认真的工作态度；

2. 具有强烈的进取精神，以及认真、刻苦钻研业务的素质；

3. 具有精益求精的工匠精神；

4. 具有坚定正确的政治信念和创新精神。

任务 1 取料流程仿真

[任务描述]

分析机器人工作站的基本组成及工作流程，运用碰撞体、固定副、滑动副、位置控制和仿真序列，完成机器人取料工作流程的仿真模拟。

[知识准备]

1. 机器人工作站的基本组成

机器人工作站由机器人系统、3D 轨迹板（平板上标注运动轨迹）、流水线工作台等组成。

（1）机器人系统包括本体、控制器和示教器。

（2）流水线工作台包括以下几部分，如图 5-1-1 所示。

① A：原料区域。此区域用于堆放物料块原料。

② B：输送单元。此区域由料井和传送带组成，将物料从放入口传送到加工区域。

③ C：冲压过程区域。在此区域完成对原料的冲压加工。

④ D：质量检测区域。原料冲压完成后在此区域进行模拟质量检测。

⑤ E：成品区域。加工完成后的成品堆放在此区域。

图 5-1-1 流水线工作台组成

2. 机器人工作站的工作流程

通过机器人系统与流水线工作台的协调运作，完成"取料→传输→冲压→放料"的工作任务，具体流程如图 5-1-2 所示。

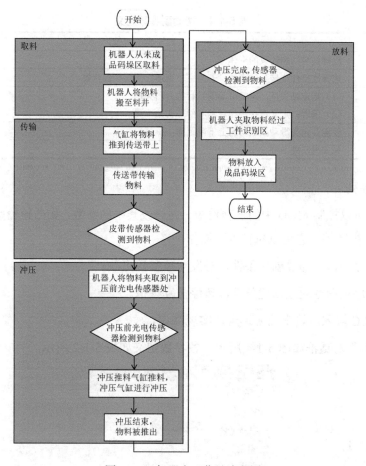

图 5-1-2　机器人工作站流程图

3. 滑动副

定义为滑动副的两个构件只能沿一个方向相对线性移动，不允许旋转运动。

"滑动副"对话框如图 5-1-3 所示，各参数定义如表 5-1-1 所示。

图 5-1-3　"滑动副"对话框

表 5-1-1　滑动副参数定义

参　数	定　义
选择连接件	选择被滑动副约束的刚体
选择基本件	选择连接件连接到的刚体，若为空，则连接件连接到背景
轴和偏置	（1）指定轴矢量：定义滑动副运行的方向矢量； （2）偏置：定义连接件相对基本件的初始位置
限制	使能并定义滑动副运动的上下限距离
名称	设置滑动副名称

4．仿真序列

仿真序列可以控制 MCD 中的任何对象，并修改其中的参数，如凸轮轮廓、运动副、约束、速度/位置控制等。它可以执行以下操作。

（1）仿真序列命令通过创建条件，触发对象参数更改。

（2）仿真序列命令通过创建条件，暂停仿真模拟。

（3）与 PLC 输入、输出信号绑定，实现联调。

"仿真序列"对话框如图 5-1-4 所示，各参数定义如表 5-1-2 所示。

图 5-1-4　"仿真序列"对话框

表 5-1-2　仿真序列参数定义

参　　数	定　　义
序列类型	设置创建序列的类型，选项包括仿真序列、暂停仿真序列
选择对象	选择被仿真序列控制的对象
时间	仿真序列持续的时间
运行时参数	显示可访问的"运行时参数"列表。在"运行时参数"列表中勾选"设置"栏中的复选框，表示可修改此参数
选择对象	选择用于创建控制仿真序列执行的条件表达式对象
名称	设置仿真序列名称

[任务步骤]

（1）打开文件"CHL-JC-02-A_stp.prt"，在之前已建好机器人仿真对象的基础上，单击功能区"应用模块"下的"更多"下拉菜单，选择"机电概念设计"命令，进入 MCD 环境；单击功能区"主页"下的"刚体"命令，弹出"刚体"对话框，将机器人末端手爪的左、右爪分别新建为刚体："爪 1"和"爪 2"，如图 5-1-5 所示。

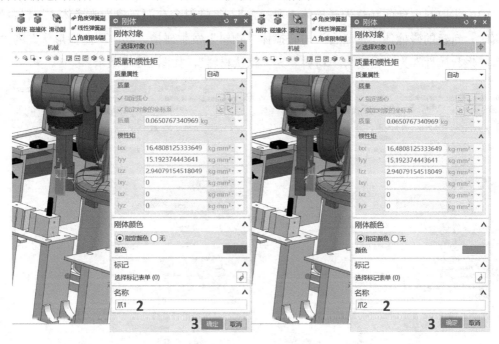

图 5-1-5　新建左、右爪刚体

（2）将方块物料新建为刚体"物料"和碰撞体"物料"，其中"碰撞形状"为"方块"，"形状属性"为"自动"，"材料"为"默认材料"，如图 5-1-6 所示。

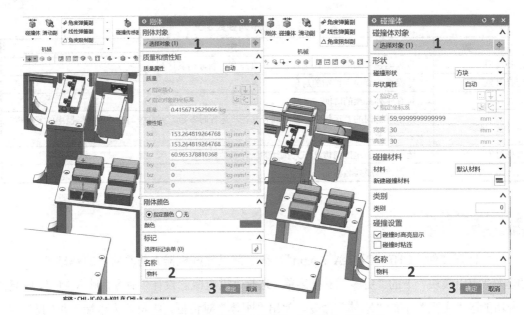

图 5-1-6　新建刚体"物料"和碰撞体"物料"

（3）将取料台台面新建为碰撞体"取料台"，将推料台台面新建为碰撞体"推料台"，仿真时，新建的碰撞体"推料台"与碰撞体"物料"发生碰撞，其中"碰撞形状"为"方块"，"形状属性"为"自动"，"材料"为"默认材料"，如图 5-1-7 所示。

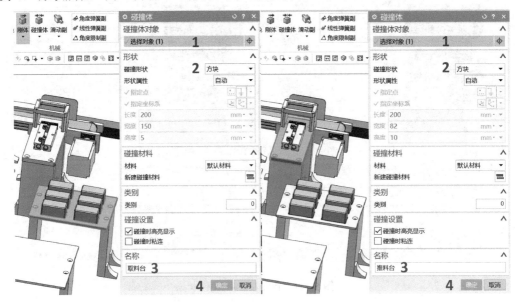

图 5-1-7　新建碰撞体"取料台"和碰撞体"推料台"

（4）新建左爪相对机器人末端六轴的滑动副。在"滑动副"对话框"选择连接件"参数中选择刚体"爪 1"，在"选择基本件"参数中选择刚体"6 轴"，在"指定轴矢量"参数中选择手爪运动方向，"偏置"默认为"0mm"，设置"名称"为"爪 1_6 轴_滑动副"，单击"确定"按钮。同理新建右爪相对机器人末端六轴的滑动副"爪 2_6 轴_滑动副",如图 5-1-8 所示。

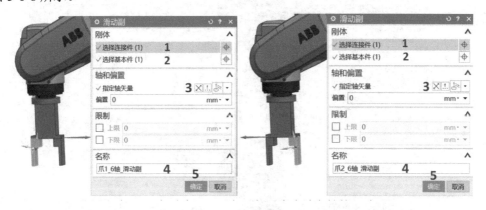

图 5-1-8　新建左、右爪相对机器人末端六轴的滑动副

（5）新建左爪固定副。在"固定副"对话框"选择连接件"参数中,参数为空,在"选择基本件"参数中选择刚体"爪 1",设置"名称"为"爪 1_固定副",单击"确定"按钮。同理新建右爪固定副"爪 2_固定副",如图 5-1-9 所示。

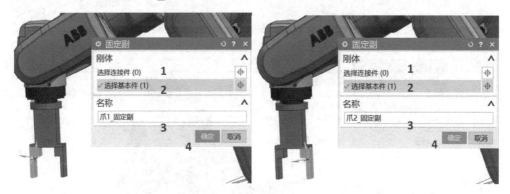

图 5-1-9　新建左、右爪固定副

（6）新建左爪滑动副的位置控制。在"位置控制"对话框"选择对象"参数中选择滑动副"爪 1_6 轴_滑动副",设置"目标"为"0mm","速度"为"10mm/s","名称"为"爪 1_6 轴_滑动副_位置控制",单击"确定"按钮。同理新建右爪滑动副的位置控制"爪 2_6 轴_滑动副_位置控制",如图 5-1-10 所示。

（7）新建机器人从初始点到取料台的路径约束运动副。在"路径约束"对话框"选择连接件"参数中选择刚体"6 轴",设置"曲线类型"为"直线",在参数列表中添加机器人经过的路径点,设置"名称"为"6 轴_PCJ(1)",单击"确定"按钮,如图 5-1-11 所示。

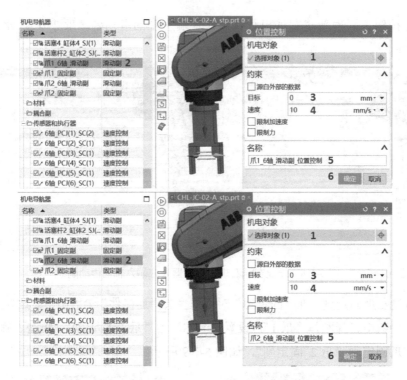

图 5-1-10　新建左、右爪滑动副的位置控制

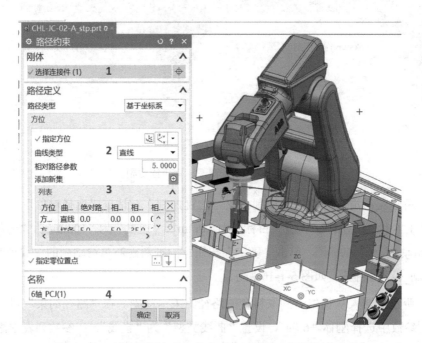

图 5-1-11　新建机器人从初始点到取料台的路径约束运动副

（8）新建机器人从取料台到推料台的路径约束运动副。在"路径约束"对话框"选择连接件"参数中选择刚体"6 轴"，设置"曲线类型"为"样条"，在参数列表中添加机器人经过的路径点，设置"名称"为"6 轴_PCJ(2)"，单击"确定"按钮，如图 5-1-12 所示。

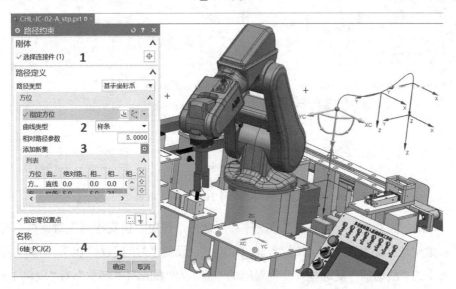

图 5-1-12　新建机器人从取料台到推料台的路径约束运动副

（9）新建取料路径约束运动副的速度控制。在"速度控制"对话框"选择对象"参数中选择路径约束运动副"6 轴_PCJ(1)"，设置"速度"为"10s⁻¹"，"名称"为"6 轴_PCJ(1)_SC(1)"，单击"确定"按钮。同理新建速度控制"6 轴_PCJ(2)_SC(1)"，如图 5-1-13 所示。

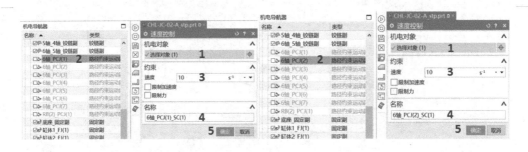

图 5-1-13　新建取料路径约束运动副的速度控制

（10）单击功能区"主页"下的"仿真序列"命令，弹出"仿真序列"对话框，在"选择对象"参数中选择路径约束运动副"6 轴_PCJ(1)"，设置"时间"为"3s"，勾选"运行时参数"列表中的"活动的"复选框，设置对应的"值"为"true"，"名称"为"取料 1true"，单击"确定"按钮。同理新建路径约束运动副"6 轴_PCJ(2)"的仿真序列"取料 2true"，如图 5-1-14 所示。

图 5-1-14　新建仿真序列"取料 1true"和"取料 2true"

（11）单击功能区"主页"下的"仿真序列"命令，弹出"仿真序列"对话框，在"选择对象"参数中选择路径约束运动副"6 轴_PCJ(1)"，设置"时间"为"0s"，勾选"运行时参数"列表中的"活动的"复选框，设置对应的"值"为"false"，"名称"为"取料 1false"，单击"确定"按钮。同理新建路径约束运动副"6 轴_PCJ(2)"的仿真序列"取料 2false"，如图 5-1-15 所示。

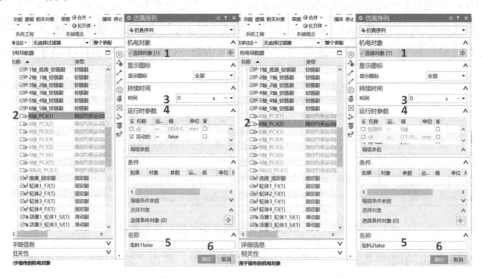

图 5-1-15　新建仿真序列"取料 1false"和"取料 2false"

（12）单击功能区"主页"下的"仿真序列"命令，弹出"仿真序列"对话框，在"选择对象"参数中选择位置控制"爪 1_6 轴_滑动副_位置控制"，设置"时间"为"0.5s"，勾选"运行时参数"列表中的"速度"复选框，设置对应的"值"为"Auto Calculate"，勾选"定位"复选框，设置对应的"值"为 10，"名称"为"爪 1 夹"，单击"确定"按钮。同理新建位置控制"爪 2_6 轴_滑动副_位置控制"的仿真序列"爪 2 夹"，如图 5-1-16 所示。

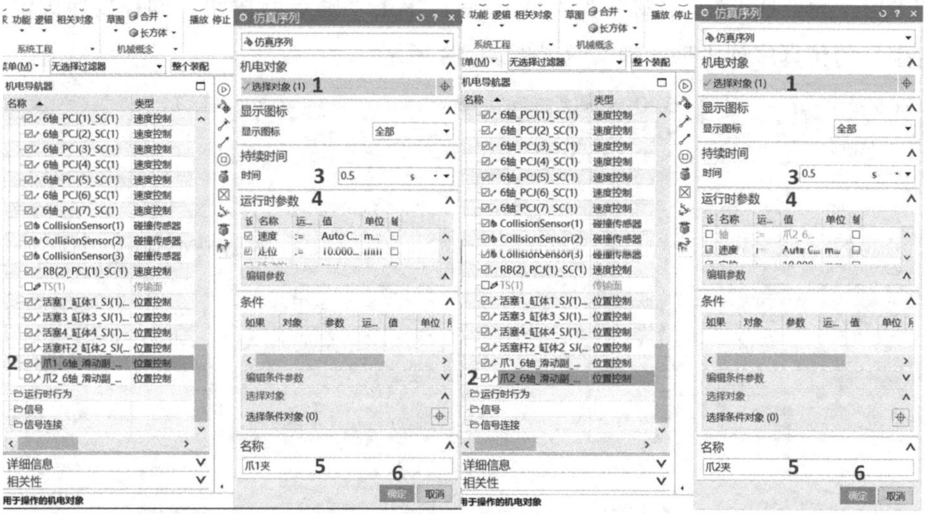

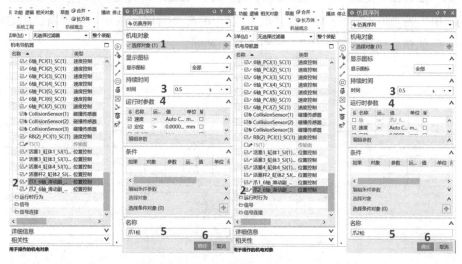

图 5-1-16　新建仿真序列"爪 1 夹"和"爪 2 夹"

（13）单击功能区"主页"下的"仿真序列"命令，弹出"仿真序列"对话框，在"选择对象"参数中选择位置控制"爪 1_6 轴_滑动副_位置控制"，设置"时间"为"0.5s"，勾选"运行时参数"列表中的"速度"复选框，设置对应的"值"为"Auto Calculate"，勾选"定位"复选框，设置对应的"值"为 0，"名称"为"爪 1 松"，单击"确定"按钮。同理新建位置控制"爪 2_6 轴_滑动副_位置控制"的仿真序列"爪 2 松"，如图 5-1-17 所示。

图 5-1-17　新建仿真序列"爪 1 松"和"爪 2 松"

（14）单击功能区"主页"下的"仿真序列"命令，弹出"仿真序列"对话框，在"选择对象"参数中选择固定副"爪 1_固定副"，设置"时间"为"0.1s"，勾选"运行时参数"

列表中的"连接件"复选框，设置对应的"值"为"物料"，勾选"基本件"复选框，设置对应的"值"为"爪1"，"名称"为"爪1抓"，单击"确定"按钮。同理新建固定副"爪2_固定副"的仿真序列"爪2抓"，如图5-1-18所示。

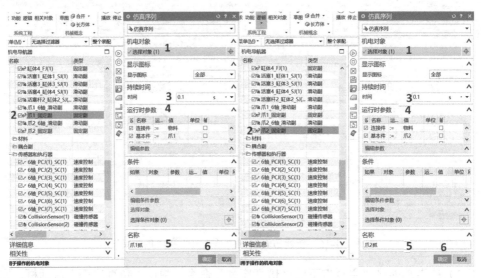

图 5-1-18　新建仿真序列"爪1抓"和"爪2抓"

（15）单击功能区"主页"下的"仿真序列"命令，弹出"仿真序列"对话框，在"选择对象"参数中选择固定副"爪1_固定副"，设置"时间"为"0.1s"，勾选"运行时参数"列表中的"连接件"复选框，设置对应的"值"为"(null)"，勾选"基本件"复选框，设置对应的"值"为"爪1"，"名称"为"爪1放"，单击"确定"按钮。同理新建固定副"爪2_固定副"的仿真序列"爪2放"，如图5-1-19所示。

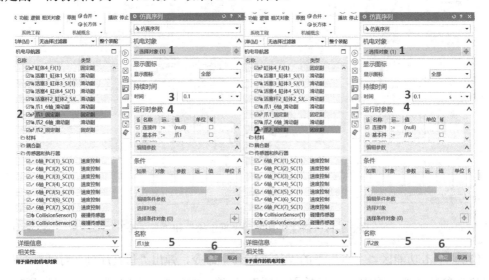

图 5-1-19　新建仿真序列"爪1放"和"爪2放"

（16）单击左侧导航栏中的"序列编辑器"按钮，将仿真序列按工作流程排序链接，如图 5-1-20 所示。

图 5-1-20　仿真序列排序

（17）单击功能区"主页"下的"播放"命令，开始运动仿真模拟，机器人取料，并将物料放入推料台；单击功能区"主页"下的"停止"命令，结束运动仿真模拟，如图 5-1-21 所示。

图 5-1-21　单击"播放""停止"命令

任务 2　传输冲压流程仿真

［任务描述］

在学习气缸工作原理的基础上，运用传输面模拟传送带传送物料，并设置碰撞感应器，当检测物料到达指定位置后，传送带自动停止，实现机器人工作站传输流程仿真模拟；运用位置控制、碰撞传感器、仿真序列等命令，实现机器人工作站冲压流程仿真模拟。

［知识准备］

气缸是气压传动中将压缩气体的压力能转换为机械能的气动执行元件。

气缸主要由缸筒、端盖、活塞、密封件等组成，如图 5-2-1 所示。

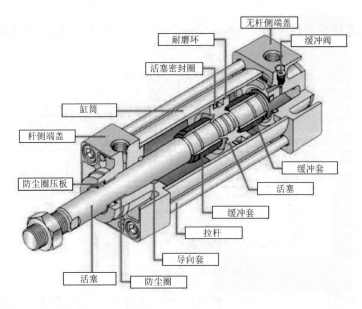

图 5-2-1　气缸组成结构

气缸分为往复直线运动的气缸和往复摆动的气缸两种。往复直线运动的气缸又可分为单作用气缸、双作用气缸、薄膜式气缸和冲击气缸四种。

本任务中的机器人工作站使用的气缸是双作用气缸，它从活塞两端交替供气，在一个或两个方向输出力，如图 5-2-2 所示。

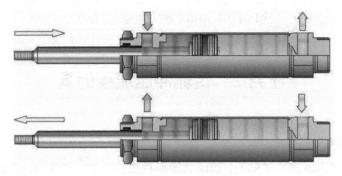

图 5-2-2　双作用气缸工作原理

［任务步骤］

（1）打开文件"CHL-JC-02-A_stp.prt"，在之前已建好取料流程仿真的基础上，单击功能区"应用模块"下的"更多"下拉菜单，选择"机电概念设计"命令，进入 MCD 环境，单击功能区"主页"下的"刚体"命令，在弹出的"刚体"对话框中，将推料气缸的活塞新建为刚体"活塞 1"，将推料气缸的缸体新建为刚体"缸体 1"，如图 5-2-3 所示。

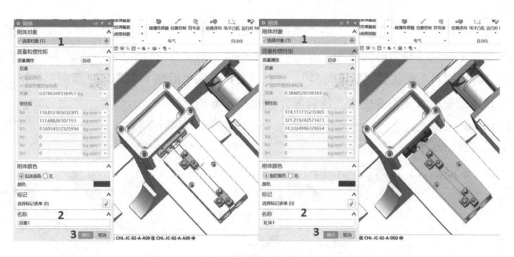

图 5-2-3　新建刚体"活塞 1"和"缸体 1"

（2）单击功能区"主页"下的"铰链副"下拉菜单，选择"固定副"命令，弹出"固定副"对话框，在"选择连接件"参数中选择刚体"缸体 1"，设置"名称"为"缸体 1_FJ(1)"，单击"确定"按钮，如图 5-2-4 所示。

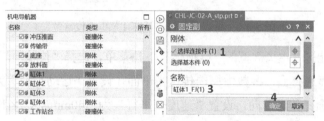

图 5-2-4　新建固定副"缸体 1_FJ(1)"

（3）单击功能区"主页"下的"铰链副"下拉菜单，选择"滑动副"命令，弹出"滑动副"对话框，在"选择连接件"参数中选择刚体"活塞 1"，在"选择基本件"参数中选择刚体"缸体 1"，在"指定轴矢量"参数中选择活塞运动方向，设置"名称"为"活塞 1_缸体 1_SJ(1)"，单击"确定"按钮，如图 5-2-5 所示。

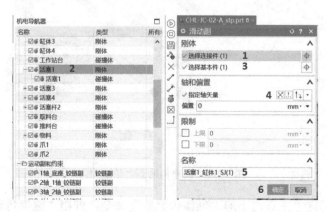

图 5-2-5　新建滑动副"活塞 1_缸体 1_SJ(1)"

（4）单击功能区"主页"下的"碰撞体"命令，弹出"碰撞体"对话框，在"选择对象"参数中框选推料气缸的活塞，设置"碰撞形状"为"方块"，"形状属性"默认为"自动"，"碰撞材料"默认为"默认材料"，设置"名称"为"活塞1"，单击"确定"按钮。同理将传送带平面新建为碰撞体"传输带"，如图5-2-6所示。

图5-2-6　新建碰撞体"活塞1"和"传输带"

（5）单击功能区"主页"下的"碰撞体"下拉菜单，选择"传输面"命令，弹出"传输面"对话框，在"选择面"参数中框选传送带平面，设置"运动类型"为"直线"，在"指定矢量"参数中选择传送方向，设置"速度—平行"为"40mm/s"，名称为"传输面"，单击"确定"按钮，如图5-2-7所示。

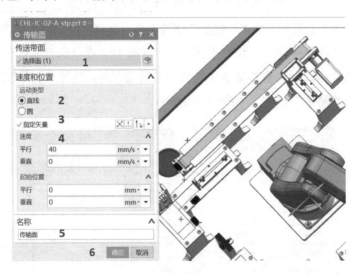

图5-2-7　新建传输面"传输面"

（6）单击功能区"主页"下的"碰撞传感器"命令，弹出"碰撞传感器"对话框，在

"选择对象"参数中框选传送带末端传感器，设置"碰撞形状"为"方块"，"形状属性"为"用户定义"，输入合适的形状参数，设置"名称"为"CollisionSensor(1)"，单击"确定"按钮，如图 5-2-8 所示。

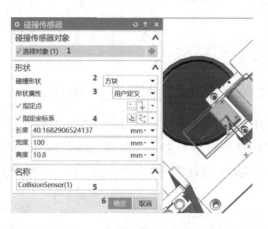

图 5-2-8　新建碰撞传感器"CollisionSensor(1)"

（7）单击功能区"主页"下的"路径约束运动副"下拉菜单，选择"路径约束运动副"命令，弹出"路径约束"对话框，在"选择连接件"参数中框选刚体"6 轴"，在方位列表中添加机器人从推料区回原点的路径，设置"名称"为"6 轴_PCJ(3)"，单击"确定"按钮，如图 5-2-9 所示。

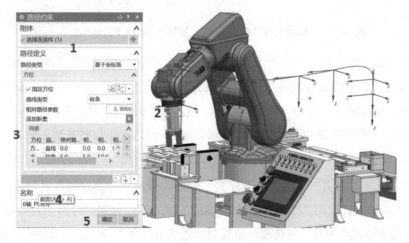

图 5-2-9　新建路径约束运动副"6 轴_PCJ(3)"

（8）单击功能区"主页"下的"位置控制"下拉菜单，选择"速度控制"命令，弹出"速度控制"对话框，在"选择对象"参数中选择路径约束运动副"6 轴_PCJ(3)"，设置"速度"为"$10s^{-1}$"，名称为"6 轴_PCJ(3)_SC(1)"，单击"确定"按钮，如图 5-2-10 所示。

图 5-2-10　新建速度控制"6 轴_PCJ(3)_SC(1)"

（9）单击功能区"主页"下的"位置控制"命令，弹出"位置控制"对话框，在"选择对象"参数中选择滑动副"活塞 1_缸体 1_SJ(1)"，设置"目标"为"0mm"，"速度"为"10mm/s"，"名称"为"活塞 1_缸体 1_SJ(1)_PC(1)"，单击"确定"按钮，如图 5-2-11 所示。

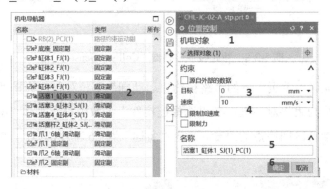

图 5-2-11　新建位置控制"活塞 1_缸体 1_SJ(1)_PC(1)"

（10）单击功能区"主页"下的"仿真序列"命令，弹出"仿真序列"对话框，在"选择对象"参数中选择路径约束运动副"6 轴_PCJ(3)"，设置"时间"为"3s"，勾选"运行时参数"列表中的"活动的"复选框，设置对应的"值"为"true"，"名称"为"取料回 true"，单击"确定"按钮。同理新建仿真序列"取料回 false"，勾选"运行时参数"列表中的"活动的"复选框，设置对应的"值"为"false"，如图 5-2-12 所示。

（11）单击功能区"主页"下的"仿真序列"命令，弹出"仿真序列"对话框，在"选择对象"参数中选择位置控制"活塞 1_缸体 1_SJ(1)_PC(1)"，设置"时间"为"1s"，勾选"运行时参数"列表中的"速度"复选框，设置对应的"值"为"Auto Compulate"，勾选"定位"复选框，设置对应的"值"为 31，"名称"为"推料进"，单击"确定"按钮。同理新建仿真序列"推料回"，勾选"运行时参数"列表中的"速度"复选框，设置对应的"值"为"Auto Compulate"，勾选"定位"复选框，设置对应的"值"为 0，如图 5-2-13 所示。

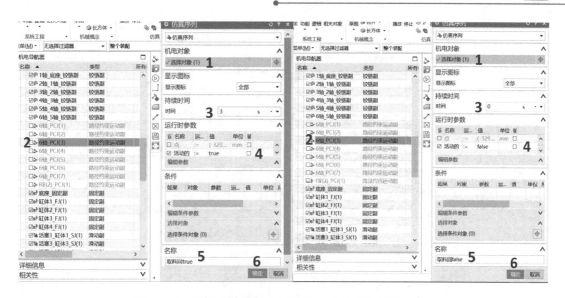

图 5-2-12 新建仿真序列"取料回 true"和"取料回 false"

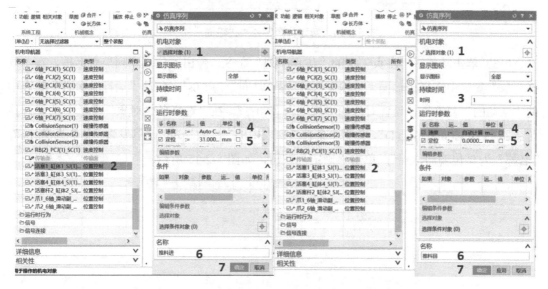

图 5-2-13 新建仿真序列"推料进"和"推料回"

（12）单击功能区"主页"下的"仿真序列"命令，弹出"仿真序列"对话框，在"选择对象"参数中选择传输面"传输面"，设置"时间"为"0s"，勾选"运行时参数"列表中的"活动的"复选框，设置对应的"值"为"true"，"名称"为"传输面启动"，单击"确定"按钮，如图 5-2-14 所示。

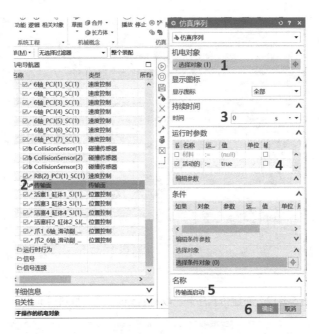

图 5-2-14　新建仿真序列"传输面启动"

（13）单击功能区"主页"下的"仿真序列"命令，弹出"仿真序列"对话框，在"选择对象"参数中选择传输面"传输面"，设置"时间"为"0s"，勾选"运行时参数"列表中的"活动的"复选框，设置对应的"值"为"false"，在"选择条件对象"参数中选择碰撞传感器"CollisionSensor(1)"，设置"条件"列表中的"参数"为"已触发"，"值"为"true"，"名称"为"传输面停止"，单击"确定"按钮，如图 5-2-15 所示。

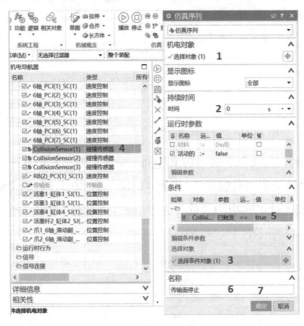

图 5-2-15　新建仿真序列"传输面停止"

（14）单击左侧导航栏中的"序列编辑器"按钮，将仿真序列按工作流程排序链接，如图 5-2-16 所示。

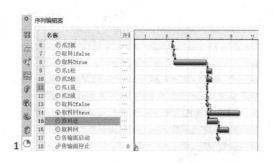

图 5-2-16　仿真序列排序

（15）单击功能区"主页"下的"播放"命令，开始运动仿真模拟，推料气缸将物料推到传送带上，传送带开始传送物料，当碰撞传感器检测到物料时，传送带停止；单击功能区"主页"下的"停止"命令，结束运动仿真模拟，如图 5-2-17 所示。

图 5-2-17　单击"播放""停止"命令

（16）打开文件"CHL-JC-02-A_stp.prt"，在之前已建好取料和传输流程仿真的基础上，单击功能区"应用模块"下的"更多"下拉菜单，选择"机电概念设计"命令，进入 MCD 环境，单击功能区"主页"下的"刚体"命令，在弹出的"刚体"对话框中将冲压前推料气缸的活塞新建为刚体"活塞 2"，将冲压前推料气缸的缸体新建为刚体"缸体 2"，如图 5-2-18 所示。

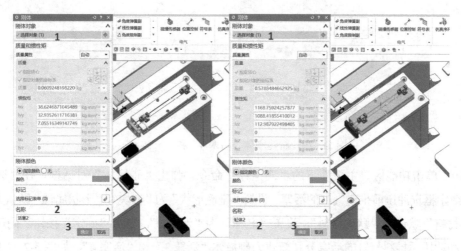

图 5-2-18　新建刚体"活塞 2"和"缸体 2"

（17）单击功能区"主页"下的"刚体"命令，在弹出的"刚体"对话框中将冲压气缸的活塞新建为刚体"活塞3"，将冲压气缸的缸体新建为刚体"缸体3"，如图 5-2-19 所示。

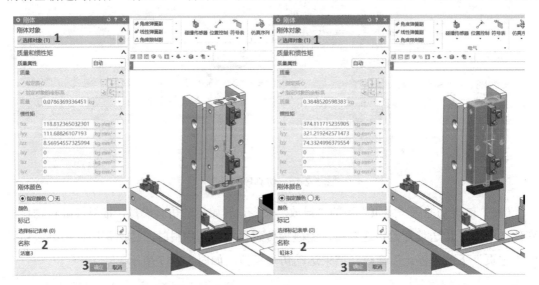

图 5-2-19　新建刚体"活塞 3"和"缸体 3"

（18）单击功能区"主页"下的"刚体"命令，在弹出的"刚体"对话框中将冲压后推料气缸的活塞新建为刚体"活塞4"，将冲压后推料气缸的缸体新建为刚体"缸体4"，如图 5-2-20 所示。

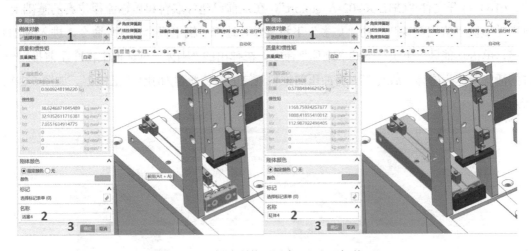

图 5-2-20　新建刚体"活塞 4"和"缸体 4"

（19）单击功能区"主页"下的"碰撞体"命令，弹出"碰撞体"对话框，在"选择对象"参数中框选冲压前推料气缸的活塞，设置"碰撞形状"为"方块"，"形状属性"默认为"自动"，"材料"默认为"默认材料"，设置"名称"为"活塞2"，单击"确定"按钮。同理将冲压气缸和冲压后推料气缸的活塞分别新建为碰撞体"活塞3"和"活塞4"，如图 5-2-21 所示。

图 5-2-21　新建碰撞体"活塞 2"、"活塞 3"和"活塞 4"

（20）单击功能区"主页"下的"碰撞体"命令，弹出"碰撞体"对话框，在"选择对象"参数中框选推料气缸处的工作面，设置"碰撞形状"为"方块"，"形状属性"默认为"自动"，"材料"默认为"默认材料"，设置"名称"为"冲压推面"，单击"确定"按钮。同理将冲压处的工作面新建为碰撞体"冲压面"，如图 5-2-22 所示。

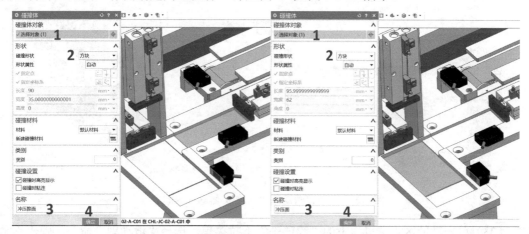

图 5-2-22　新建碰撞体"冲压推面"和"冲压面"

（21）单击功能区"主页"下的"铰链副"下拉菜单，选择"滑动副"命令，弹出"滑动副"对话框，在"选择连接件"参数中选择刚体"活塞 2"，在"选择基本件"参数中选择刚体"缸体 2", 在"指定轴矢量"参数中选择活塞运动方向, 设置"名称"为"活塞 2_缸体 2_SJ(1)", 单击"确定"按钮, 如图 5-2-23 所示。

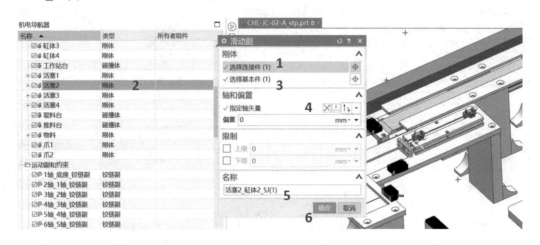

图 5-2-23　新建滑动副"活塞 2_缸体 2_SJ(1)"

（22）单击功能区"主页"下的"铰链副"下拉菜单, 选择"滑动副"命令, 弹出"滑动副"对话框, 在"选择连接件"参数中选择刚体"活塞 3", 在"选择基本件"参数中选择刚体"缸体 3", 在"指定轴矢量"参数中选择活塞运动方向, 设置"名称"为"活塞 3_缸体 3_SJ(1)", 单击"确定"按钮, 如图 5-2-24 所示。

图 5-2-24　新建滑动副"活塞 3_缸体 3_SJ(1)"

（23）单击功能区"主页"下的"铰链副"下拉菜单, 选择"滑动副"命令, 弹出"滑动副"对话框, 在"选择连接件"参数中选择刚体"活塞 4", 在"选择基本件"参数中选择刚体"缸体 4", 在"指定轴矢量"参数中选择活塞运动方向, 设置"名称"为"活塞 4_缸体 4_SJ(1)", 单击"确定"按钮, 如图 5-2-25 所示。

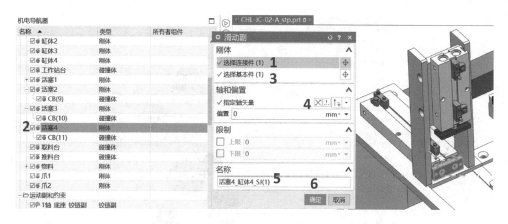

图 5-2-25　新建滑动副"活塞 4_缸体 4_SJ(1)"

（24）单击功能区"主页"下的"位置控制"命令，弹出"位置控制"对话框，在"选择对象"参数中选择滑动副"活塞 2_缸体 2_SJ(1)"，设置"目标"为"0mm"，"速度"为"10mm/s"，"名称"为"活塞 2_缸体 2_SJ(1)_PC(1)"，单击"确定"按钮。同理新建位置控制"活塞 3_缸体 3_SJ(1)_PC(1)"和"活塞 4_缸体 4_SJ(1)_PC(1)"，如图 5-2-26 所示。

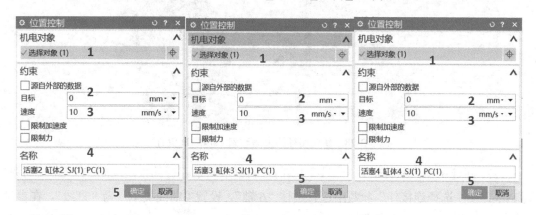

图 5-2-26　新建位置控制"活塞 2_缸体 2_SJ(1)_PC(1)"、"活塞 3_缸体 3_SJ(1)_PC(1)"和
"活塞 4_缸体 4_SJ(1)_PC(1)"

（25）单击功能区"主页"下的"碰撞传感器"命令，弹出"碰撞传感器"对话框，在"选择对象"参数中框选传送带末端传感器，设置"形状"为"方块"，"形状属性"为"用户定义"，输入合适的形状参数，设置"名称"为"CollisionSensor(2)"，单击"确定"按钮，如图 5-2-27 所示。

（26）新建机器人从原点到传输带末端取料的路径约束运动副。在"路径约束"对话框"选择连接件"参数中选择刚体"6 轴"，设置"曲线类型"为"直线"，在列表参数中添加机器人经过的路径点，设置名称为"6 轴_PCJ(4)"，单击"确定"按钮，如图 5-2-28 所示。

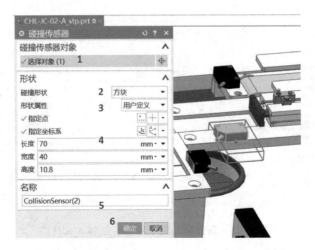

图 5-2-27　新建碰撞传感器"CollisionSensor(2)"

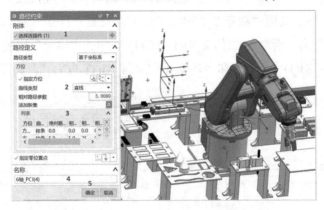

图 5-2-28　新建路径约束运动副"6 轴_PCJ(4)"

（27）新建机器人从传输带末端到冲压前推料区放料的路径约束运动副。在"路径约束"对话框，在"选择连接件"参数中选择刚体"6 轴"，设置"曲线类型"为"直线"，在参数列表中添加机器人经过的路径点，设置"名称"为"6 轴_PCJ(5)"，单击"确定"按钮，如图 5-2-29 所示。

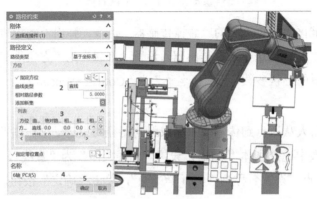

图 5-2-29　新建路径约束运动副"6 轴_PCJ(5)"

（28）新建控制路径约束运动副的速度控制。在"速度控制"对话框"选择对象"参数中选择路径约束运动副"6 轴_PCJ(4)"，设置"速度"为"10s^{-1}"，"名称"为"6 轴_PCJ(4)_SC(1)"，单击"确定"按钮。同理新建速度控制"6 轴_PCJ(5)_SC(1)"，如图 5-2-30 所示。

图 5-2-30　新建速度控制"6 轴_PCJ(4)_SC(1)"和"6 轴_PCJ(5)_SC(1)"

（29）单击功能区"主页"下的"仿真序列"命令，弹出"仿真序列"对话框，在"选择对象"参数中选择路径约束运动副"6 轴_PCJ(3)"，设置"时间"为"0s"，勾选"运行时参数"列表中的"活动的"复选框，设置对应的"值"为"false"，"名称"为"取料回 false"，单击"确定"按钮。同理新建路径约束运动副"6 轴_PCJ(4)"的仿真序列"抓料 1false"，如图 5-2-31 所示。

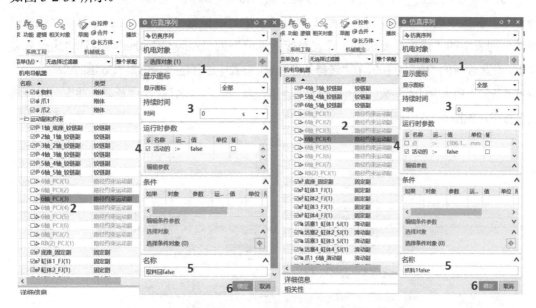

图 5-2-31　新建仿真序列"取料回 false"和"抓料 1false"

（30）单击功能区"主页"下的"仿真序列"命令，弹出"仿真序列"对话框，在"选择对象"参数中选择路径约束运动副"6 轴_PCJ(4)"，设置"时间"为"3s"，勾选"运行时参数"列表中的"活动的"复选框，设置对应的"值"为"true"，"名称"为"抓料 1true"，单击"确定"按钮。同理新建路径约束运动副"6 轴_PCJ(5)"的仿真序列"抓料 2true"，如图 5-2-32 所示。

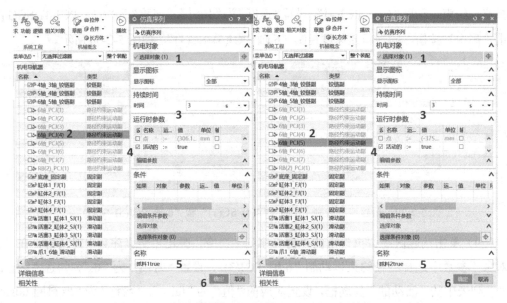

图 5-2-32　新建仿真序列"抓料 1true"和"抓料 2true"

（31）单击功能区"主页"下的"仿真序列"命令，弹出"仿真序列"对话框，在"选择对象"参数中选择位置控制"活塞 2_缸体 2_SJ(1)"，设置"时间"为 1s，勾选"运行时参数"列表中的"速度"复选框，设置对应的"值"为"Auto Calculae"，勾选"定位"复选框，设置对应的"值"为 100，在"选择条件对象"参数中选择碰撞传感器"CollisionSensor(2)"，设置"条件"列表中的"参数"为"已触发"，"值"为"true"，"名称"为"活塞 2 冲"，单击"确定"按钮，如图 5-2-33 所示。

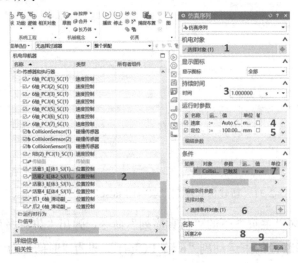

图 5-2-33　新建仿真序列"活塞 2 冲"

（32）单击功能区"主页"下的"仿真序列"命令，弹出"仿真序列"对话框，在"选择对象"参数中选择位置控制"活塞 3_缸体 3_SJ(1)",设置"时间"为"1s",勾选"运行时参数"列表中的"速度"复选框,设置对应的"值"为"Auto Calculae",勾选"定位"复选框,设置对应的"值"为 100,"名称"为"活塞 3 冲",单击"确定"按钮。同理新建位置控制"活塞 4_缸体 4_SJ(1)"的仿真序列"活塞 4 冲",如图 5-2-34 所示。

图 5-2-34 新建仿真序列"活塞 3 冲"和"活塞 4 冲"

（33）单击功能区"主页"下的"仿真序列"命令,弹出"仿真序列"对话框,在"选择对象"参数中选择位置控制"活塞 2_缸体 2_SJ(1)",设置"时间"为"1s",勾选"运行时参数"列表中的"速度"复选框,设置对应的"值"为"Auto Calculae",勾选"定位"复选框,设置对应的"值"为 0,"名称"为"活塞 2 收",单击"确定"按钮。同理新建仿真序列"活塞 3 收"和"活塞 4 收",如图 5-2-35 所示。

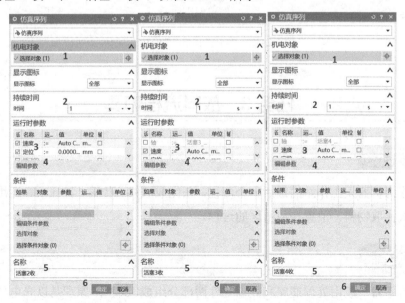

图 5-2-35 新建仿真序列"活塞 2 收"、"活塞 3 收"和"活塞 4 收"

（34）单击左侧导航栏中的"序列编辑器"按钮，复制之前的仿真序列"爪1夹"、"爪2夹"、"爪1抓"、"爪2抓"、"爪1松"、"爪2松"、"爪1放"和"爪2放"，将仿真序列按工作流程排序链接，如图5-2-36所示。

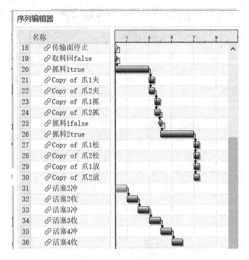

图5-2-36　仿真序列排序

（35）单击功能区"主页"下的"播放"命令，开始运动仿真模拟，机器人取料，并将物料放入推料台；单击功能区"主页"下的"停止"命令，结束运动仿真模拟，如图5-2-37所示。

图5-2-37　单击"播放""停止"命令

任务3　放料流程仿真

[任务描述]

取料作为机器人工作站的最后一个流程，在完成取料、传输、冲压后，运用路径约束，模拟机器人抓取物料，放置在放料区的过程。

[知识准备]

光电传感器一般由处理通路和处理元件两部分组成。其基本原理是以光电效应为基础，将被测量的变化转换成光信号的变化，然后借助光电元件进一步将非电信号转换成电信号。

本任务的机器人工作站使用透射式光电传感器（见图 5-3-1），其发光元件和接收元件的光轴是重合的，当机器人抓取物料经过它们之间时，会阻断光路，使接收元件接收不到来自发光元件的光，产生电压上的变化，从而起到检测作用。

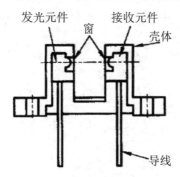

图 5-3-1　透射式光电传感器

光电传感器广泛应用于工业控制、自动化包装线等领域，可用于安全装置中作为光控制和光探测装置，还可在自控系统中用于物体检测、产品计数等。

［任务步骤］

（1）打开文件"CHL-JC-02-A_stp.prt"，在之前已建好取料、传输和冲压流程仿真的基础上，单击功能区"应用模块"下的"更多"下拉菜单，选择"机电概念设计"命令，进入 MCD 环境，单击功能区"主页"下的"碰撞传感器"命令，弹出"碰撞传感器"对话框，在"选择对象"参数中框选冲压端传感器，设置"碰撞形状"为"方块"，"形状属性"为"用户定义"，输入合适的形状参数，设置"名称"为"CollisionSensor(3)"，单击"确定"按钮。同理新建工件识别区碰撞传感器"CollisionSensor(4)"，如图 5-3-2 所示。

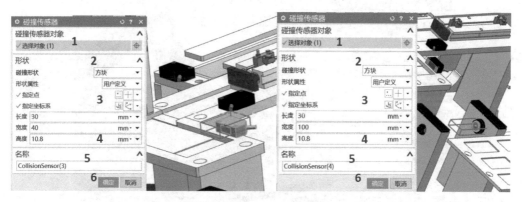

图 5-3-2　新建碰撞传感器"CollisionSensor(3)"和"CollisionSensor(4)"

（2）单击功能区"主页"下的"仿真序列"命令，弹出"仿真序列"对话框，在"选择对象"参数中选择路径约束运动副"6 轴_PCJ(5)"，设置"时间"为"0s"，勾选"运行时参数"列表中的"活动的"复选框，设置对应的"值"为"false"，在"选择条件对象"参数中选择碰撞传感器"CollisionSensor(3)"，设置"条件"列表中的"参数"为"已触发"，"值"为"true"，"名称"为"抓料2false条"，单击"确定"按钮，如图5-3-3所示。

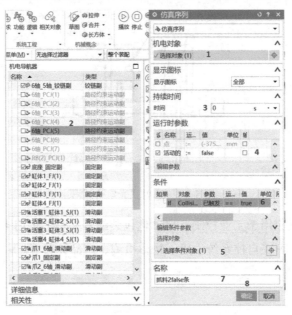

图5-3-3   新建仿真序列"抓料2false条"

（3）根据机器人从冲压前推料区运动到冲压后放料区的运动路径，新建路径约束运动副。在"路径约束"对话框"选择连接件"参数中选择刚体"6轴"，设置"曲线类型"为"直线"，在参数列表中添加机器人经过的路径点，设置"名称"为"6轴_PCJ(6)"，单击"确定"按钮，如图5-3-4所示。

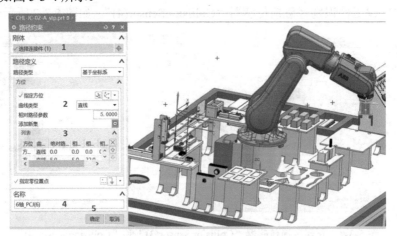

图5-3-4   新建路径约束运动副"6轴_PCJ(6)"

（4）根据机器人从冲压后放料区抓料，经过光电传感器，运动到放料台的运动路径，新建路径约束运动副。在"路径约束"对话框"选择连接件"参数中选择刚体"6 轴"，设置"曲线类型"为"样条"，在参数列表中添加机器人经过的路径点，设置名称为"6 轴_PCJ(7)"，单击"确定"按钮，如图 5-3-5 所示。

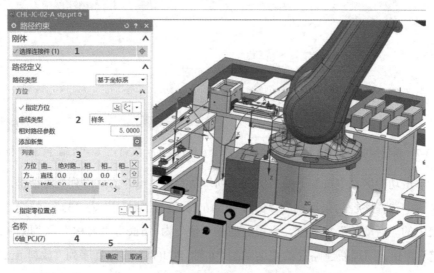

图 5-3-5　新建路径约束运动副"6 轴_PCJ(7)"

（5）根据机器人从放料台运动到原点的运动轨迹，新建路径约束运动副。在"路径约束"对话框"选择连接件"参数中选择刚体"6 轴"，设置"曲线类型"为"样条"，在参数列表中添加机器人经过的路径点，设置"名称"为"6 轴_PCJ(8)"，如图 5-3-6 所示。

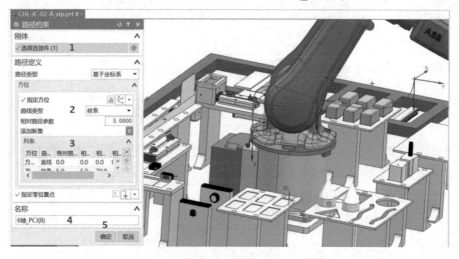

图 5-3-6　新建路径约束"6 轴_PCJ(8)"

（6）新建控制路径约束运动副的速度控制。在"速度控制"对话框"选择对象"参数中选择路径约束运动副"6 轴_PCJ(6)"，设置"速度"为"10s^{-1}"，"名称"为"6 轴_PCJ(6)_SC(1)"，单击"确定"按钮。同理新建速度控制"6 轴_PCJ(7)_SC(1)"和"6 轴

_PCJ(8)_SC(1)",如图 5-3-7 所示。

图 5-3-7　新建速度控制"6 轴_PCJ(6)_SC(1)"、"6 轴_PCJ(7)_SC(1)"和"6 轴_PCJ(8)_SC(1)"

（7）单击功能区"主页"下的"仿真序列"命令，弹出"仿真序列"对话框，在"选择对象"参数中选择路径约束运动副"6 轴_PCJ(6)"，设置"时间"为"3s"，勾选"运行时参数"列表中的"活动的"复选框，设置对应的"值"为"true"，"名称"为"取冲 true"，单击"确定"按钮。同理新建路径约束运动副"6 轴_PCJ(7)"的仿真序列"放料 true"和路径约束运动副"6 轴_PCJ(8)"的仿真序列"放料回原点 true"，如图 5-3-8 所示。

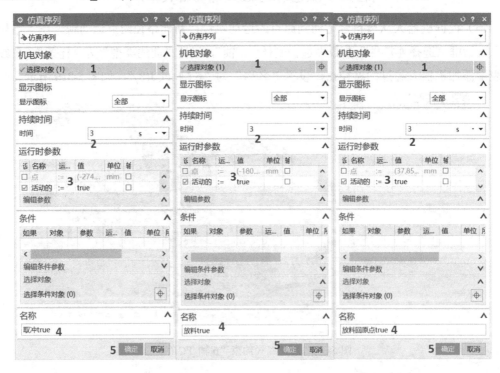

图 5-3-8　新建仿真序列"取冲 true"、"放料 true"和"放料回原点 true"

（8）单击功能区"主页"下的"仿真序列"命令，弹出"仿真序列"对话框，在"选择对象"参数中选择路径约束运动副"6 轴_PCJ(6)"，设置"时间"为"0s"，勾选"运行时参数"列表中的"活动的"复选框，设置对应的"值"为"false"，"名称"为"取冲 false"，单击"确定"按钮。同理新建路径约束运动副"6 轴_PCJ(7)"的仿真序列"放料 false"，如图 5-3-9 所示。

图 5-3-9　新建仿真序列"取冲 false"和"放料 false"

（9）单击左侧导航栏中的"序列编辑器"按钮，复制之前的仿真序列"爪 1 夹"、"爪 2 夹"、"爪 1 抓"、"爪 2 抓"、"爪 1 松"、"爪 2 松"、"爪 1 放"和"爪 2 放"，将仿真序列按工作流程排序链接，如图 5-3-10 所示。

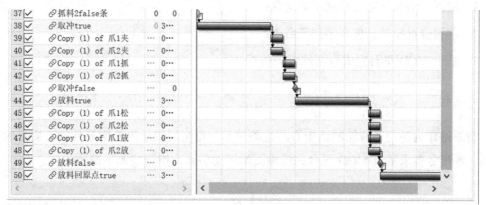

图 5-3-10　仿真序列排序

（10）单击功能区"主页"下的"播放"命令，开始运动仿真模拟，机器人取料，并将物料放入推料台；单击功能区"主页"下的"停止"命令，结束运动仿真模拟，如图 5-3-11 所示。

图 5-3-11　单击"播放""停止"命令

[知识扩展]

视觉检测站运动仿真

⇨ 学习情境描述

本任务将西门子检测站作为 MCD 运动仿真范例，考核学生对 MCD 仿真工作流程"机电对象定义→运动副及约束定义→速度/位置控制→仿真序列"的掌握程度。

⇨ 学习目标

1．掌握机器视觉系统概念；

2．掌握检测站运动原理的分析方法；

3．根据运动原理定义检测站运动副；

4．掌握位置控制、仿真序列等命令；

5．基于 MCD 平台完成检测站运动仿真。

⇨ 任务书

检测站作为西门子智能制造中心的检测单元，可实现轴承内外圈零件加工质量的视觉检测。本任务要求基于 MCD 平台完成检测站运动仿真，检测站如下图所示。

机器视觉系统通过机器视觉产品（图像摄取装置，分 CMOS 和 CCD 两种），将被摄取目标转换成图像信号传输给专用的图像处理系统，根据像素分布、亮度、颜色等信息转换成数字信号，图像处理系统对这些信号进行各种运算来抽取目标的特征，进而根据判别结果来控制现场的设备动作。视觉检测原理如下图所示。

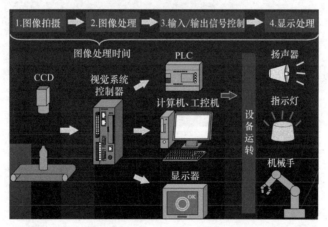

🖐 **获取信息**

引导问题 1：机器视觉系统由哪些部分组成？各个部分的作用是什么？

引导问题 2：物料进料和出料机构是什么类型运动副？运动方向如何定义？

引导问题 3：机器视觉系统的哪些部分需要运动？它们是哪种类型运动副？

工作计划

制订运动仿真方案，并填入下表中。

步　　骤	工　作　内　容	负　责　人

✍ **工作实施**

（1）西门子检测站完成轴承内外圈零件加工质量的视觉检测，请绘制其工作流程图。

（2）按照本组制订的计划（最佳方案），填写下表。

序　　号	对　　象	刚　　体	碰　撞　体	传　感　器	运　动　副	执　行　器

评价反馈

姓名			日期		
评价指标	评价要素	分数	得分	备注	
信息检索	能有效地利用网络资源，快速准确地收集相关资料；能将查找到的信息有效地转换到工作任务中	10			
工作态度	工作态度端正，注意力集中，工作积极主动，在工作中获得满足感	10			
参与态度	具有一定的组织、协调能力，积极与他人合作，共同完成工作任务	5			
知识能力	知识准备充分，运用熟练正确，工作计划符合规范要求	10			
项目实施	仿真方案正确，与实际设备允许一致	30			
	操作安全性	10			
	完成时间	10			
成果展示	作品完善、操作方便、功能多样、符合预期	5			
	积极、主动、大方	5			
	展示过程中语言流畅、逻辑性强、表达准确	5			
分数		100			
有益的经验和做法					
总结、反思及建议					

项目六 机器人工作站虚拟调试

[项目介绍]

本项目以机器人工作站为载体，在完成运动仿真的基础上，通过显示更改器、信号适配器、外部信号配置等命令设置 MCD 与 PLC 控制程序交互的输入/输出信号接口，利用 PLCSIM Advanced 软件，建立虚拟 PLC 并编写 HMI 界面，完成机器人工作站虚拟调试。

[教学目标]

知识目标

1. 理解显示更改器的属性定义；
2. 理解信号适配器的属性定义；
3. 了解外部信号配置的属性定义；
4. 掌握博途 V15.1 软件的基本操作；
5. 掌握 WinCC 交互界面的编写原理。

技能目标

1. 能熟练进行显示更改器操作，完成按钮定义；
2. 能熟练进行信号适配器操作，定义输入/输出信号；
3. 能熟练进行与 PLC 交互的外部信号的配置；
4. 能熟练完成 PLC 控制程序的编写；
5. 能熟练完成交互界面的编写；
6. 能在 MCD 平台上熟练完成机器人工作站虚拟调试。

素质目标

1. 具有高度的职业责任心、严谨的工作作风、认真的工作态度；

2．具有强烈的进取精神，以及认真、刻苦钻研业务的素质；

3．具有精益求精的工匠精神；

4．具有坚定正确的政治信念和创新精神。

任务 1　面板按钮仿真

［任务描述］

根据机器人工作站的工作流程，分析其控制原理，并运用显示更改器等命令，实现操作面板的仿真。

［知识准备］

显示更改器在模拟过程中，可以更改刚体的显示特性，如颜色、半透明、可见性等。

"显示更改器"对话框如图 6-1-1 所示，各参数定义如表 6-1-1 所示。

图 6-1-1　"显示更改器"对话框

表 6-1-1　显示更改器参数定义

参　数	定　义
选择对象	选择被更改显示特性的对象
执行模式	定义对象显示特性变化的频率
颜色	可在"颜色"文本框中设置显示特性变化后对象的颜色
半透明	设置显示特性变化后对象的透明度
可见性	设置显示特性变化后对象是否可见
名称	设置显示更改器名称

［任务步骤］

（1）打开文件"CHL-JC-02-A_stp.prt"，在之前已建好机器人仿真序列的基础上，单击功能区"应用模块"下的"更多"下拉菜单，选择"机电概念设计"命令，进入MCD环境，单击功能区"主页"下的"刚体"命令，弹出"刚体"对话框，将面板新建为刚体"面板"。单击功能区"主页"下的"铰链副"下拉菜单，选择"固定副"命令，弹出"固定副"对话框，在"选择连接件"参数中选择刚体"面板"，设置"名称"为"面板_FJ(1)"，单击"确定"按钮，如图 6-1-2 所示。

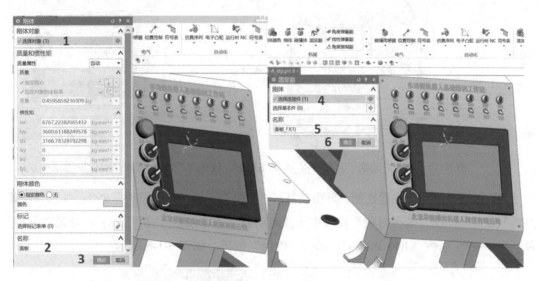

图 6-1-2　新建刚体"面板"、固定副"面板_FJ(1)"

（2）新建刚体。单击功能区"主页"下的"刚体"命令，弹出"刚体"对话框，在"选择对象"参数中选择旋钮实体，设置"名称"为"旋钮"，单击"确定"按钮。同理新建刚体"急停按钮"，如图 6-1-3 所示。

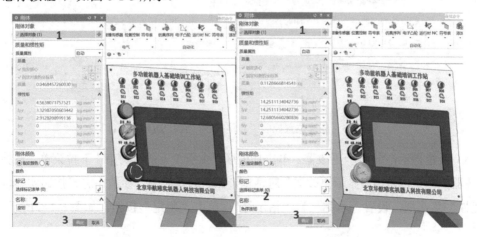

图 6-1-3　新建刚体"旋钮"和"急停按钮"

（3）新建滑动副和铰链副。单击功能区"主页"下的"铰链副"下拉菜单，选择"滑动副"命令，弹出"滑动副"对话框，在"选择连接件"参数中选择刚体"急停按钮"，在"选择基本件"参数中选择刚体"面板"，在"指定轴矢量"参数中选择按钮运动方向，设置"偏置"为"0mm"，"上限"为"0mm"，"下限"为"-10mm"，名称为"急停按钮_面板_SJ(1)"，单击"确定"按钮。同理新建铰链副"旋钮_面板_HJ(1)"，如图6-1-4所示。

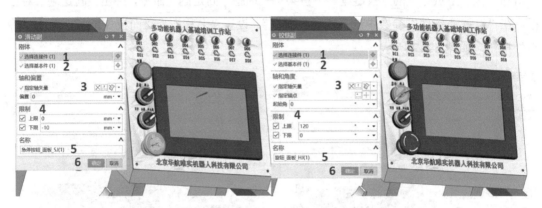

图6-1-4　新建滑动副"急停按钮_面板_SJ(1)"、铰链副"旋钮_面板_HJ(1)"

（4）新建急停按钮位置控制。单击功能区"主页"下的"位置控制"命令，弹出"位置控制"对话框，在"选择对象"参数中选择滑动副"急停按钮_面板_SJ(1)"，设置"名称"为"急停按钮_面板_SJ(1)_PC(1)"，单击"确定"按钮，如图6-1-5所示。

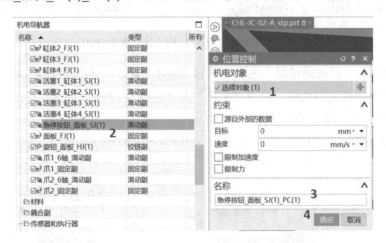

图6-1-5　新建位置控制"急停按钮_面板_SJ(1)_PC(1)"

（5）新建指示灯的显示更改器。单击功能区"主页"下的"约束"下拉菜单，选择"显示更改器"命令，弹出"显示更改器"对话框，在"选择对象"参数中选择按钮实体，勾选"可见性"复选框，设置"名称"为"指示灯"，单击"确定"按钮，如图6-1-6所示。

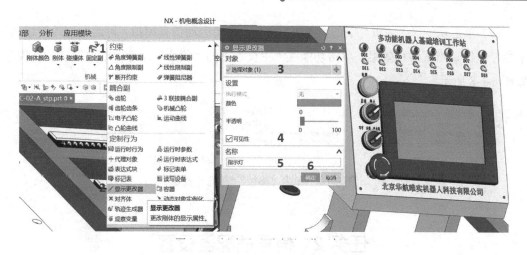

图 6-1-6　新建显示更改器"指示灯"

（6）新建急停按钮仿真序列。单击功能区"主页"下的"仿真序列"命令，弹出"仿真序列"对话框，在"选择对象"参数中选择位置控制"急停按钮_面板_SJ(1)_PC(1)"，勾选"运行时参数"列表中的"定位"复选框，设置对应的"值"为 0，勾选"活动的"复选框，设置对应的"值"为"true"，在"选择条件对象"参数中选择位置控制"急停按钮_面板_SJ(1)_PC(1)"，设置"条件"列表中条件为"定位==0.00"，"名称"为"急停位置 true"，单击"确定"按钮。同理新建仿真序列"急停位置 false"，在"仿真序列"对话框"选择对象"参数中选择位置控制"急停按钮_面板_SJ(1)_PC(1)"，勾选"运行时参数"列表中的"活动的"复选框，设置对应的"值"为"false"，在"选择条件对象"参数中选择位置控制"急停按钮_面板_SJ(1)_PC(1)"，设置"条件"列表中的条件为"定位！=0.00"，"名称"为"急停位置 false"，单击"确定"按钮，如图 6-1-7 所示。

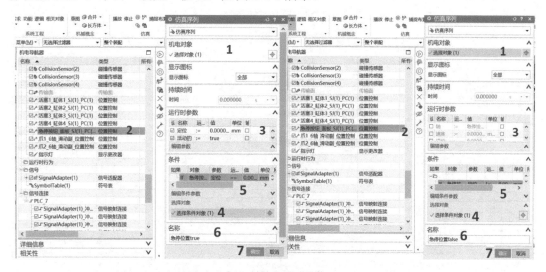

图 6-1-7　新建仿真序列"急停位置 true"和"急停位置 false"

（7）单击功能区"主页"下的"播放"命令，开始运动仿真模拟，可通过旋转旋钮和按下急停按钮，测试仿真效果；单击功能区"主页"下的"停止"命令，结束运动仿真模拟，如图 6-1-8 所示。

图 6-1-8　单击"播放""停止"命令

任务 2　信号适配器设置

［任务描述］

输入/输出信号是外部控制系统与仿真机构联动的桥梁，本任务应用信号适配器，设置运动副、执行器等参数与信号之间的关系，从而对接外部信号，完成虚拟调试。

［知识准备］

1. 信号适配器

信号适配器用于封装多个信号和运行时公式，并在机电导航器中创建信号对象，用于连接 OPC、PLCSIM Adv 等外部服务器信号。

"信号适配器"对话框如图 6-2-1 所示，各参数定义如表 6-2-1 所示。

图 6-2-1　"信号适配器"对话框

表 6-2-1 信号适配器参数定义

参 数	定 义
选择机电对象	选择要添加到信号适配器中作为参数的机电对象
参数名称	显示选择的机电对象包含的参数
添加参数	在参数列表中显示添加的参数及其所有属性值，并允许更改这些值
信号	在信号列表中显示添加的信号及其所有属性值，并允许更改这些值
公式	在公式列表中，勾选"指派为"复选框时，对应的信号和参数可进行赋值公式的编号。公式输入方法包括手动编辑、插入函数、条件语句、扩展文本
名称	设置信号适配器名称

2. 输入/输出信号

MCD 平台的输入信号用于接收外部服务器信号，主要实现控制运动副、执行器的动作，以及启/停仿真序列等功能；输出信号将仿真过程中机构状态反馈到外部服务器，作为外部控制程序的输入，如图 6-2-2 所示。

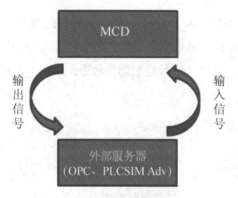

图 6-2-2 输入/输出信号

输入/输出信号表如表 6-2-2 所示。

表 6-2-2 输入/输出信号表

序 号	名 称	数 据 类 型	输入/输出	初 始 值	是否指派为
1	机器人启动	布尔型	输入	false	否
2	推料气缸	布尔型	输入	false	否
3	传送带启动	布尔型	输入	false	否
4	冲压前气缸	布尔型	输入	false	否
5	冲压气缸	布尔型	输入	false	否
6	冲压后气缸	布尔型	输入	false	否
7	机器人传送带取料	布尔型	输入	false	否
8	机器人放料	布尔型	输入	false	否
9	急停信号	布尔型	输入	false	否
10	启动	布尔型	输出	false	是
11	停止	布尔型	输出	false	是
12	急停	布尔型	输出	false	是

续表

序　号	名　　　称	数据类型	输入/输出	初　始　值	是否指派为
13	传送带传感器	布尔型	输出	false	是
14	冲压前传感器	布尔型	输出	false	是
15	冲压后传感器	布尔型	输出	false	是
16	检测传感器	布尔型	输出	false	是
17	机器人放入	布尔型	输出	false	否
18	机器人完成	布尔型	输出	false	否
19	推料气缸限位	布尔型	输出	false	是
20	冲压前气缸限位	布尔型	输出	false	是
21	冲压气缸限位	布尔型	输出	false	是
22	冲压后气缸限位	布尔型	输出	false	是

[任务步骤]

（1）打开文件"CHL-JC-02-A_stp.prt"，在之前任务的基础上，单击功能区"应用模块"下的"更多"下拉菜单，选择"机电概念设计"命令，进入 MCD 环境，单击功能区"主页"下的"符号表"下拉菜单，选择"信号适配器"命令，如图 6-2-3 所示，弹出"信号适配器"对话框。

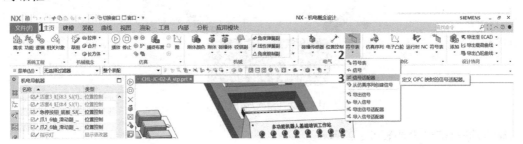

图 6-2-3　选择"信号适配器"命令

（2）在"信号适配器"对话框"选择机电对象"参数中选择显示更改器"指示灯"，设置"参数名称"为"执行模式"，单击"添加参数"按钮，如图 6-2-4 所示。

（3）在"信号适配器"对话框参数列表中勾选"指派为"复选框，并将"别名"修改为"指示灯"，在公式列表中自动添加"指示灯"公式行，在"公式"文本框中输入"1"，如图 6-2-5 所示。

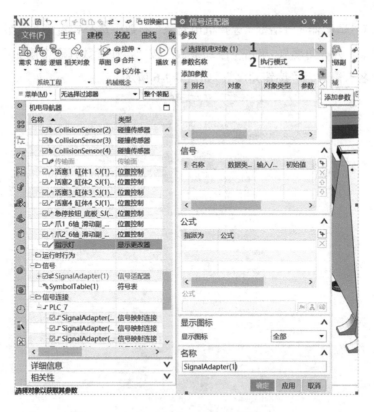

图 6-2-4　添加参数"指示灯—执行模式"

图 6-2-5　编辑"指示灯"公式

（4）在"信号适配器"对话框"选择机电对象"参数中选择铰链副"旋钮_底板_HJ(1)"，设置"参数名称"为"角度"，单击"添加参数"按钮，在参数列表中添加"旋钮角度"参数，并将"别名"修改为"旋钮角度"，如图 6-2-6 所示。

图 6-2-6　添加参数"旋钮角度"

（5）在"信号适配器"对话框中单击"添加"按钮，添加信号，勾选"指派为"复选框，设置"名称"为"启动"，"数据类型"为"布尔型"，"输入/输出"为"输出"，"初始值"为"false"，如图 6-2-7 所示。

（6）在"信号适配器"对话框中单击"插入条件"按钮，在弹出的"条件构建器"对话框中，输入 If "旋钮角度>100&旋钮角度<130"，Then "true"，Else "false"，单击"确定"按钮，如图 6-2-8 所示。

图 6-2-7　添加信号"启动"

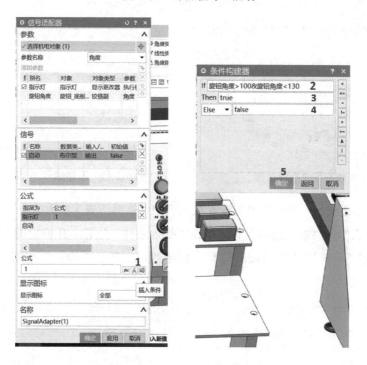

图 6-2-8　添加信号"启动"条件

（7）在"信号适配器"对话框"选择机电对象"参数中选择滑动副"活塞 1_缸体 1_SJ(1)"，设置"参数名称"为"定位"，单击"添加参数"按钮，在参数列表中添加"活塞 1_定位"参数，并将"别名"修改为"推料活塞"，如图 6-2-9 所示。

（8）在"信号适配器"对话框中单击"添加"按钮，添加信号，设置"名称"为"推料气缸"，"数据类型"为"布尔型"，"输入/输出"为"输入"，"初始值"为"false"，如图 6-2-10 所示。

图 6-2-9　添加参数"推料活塞"

图 6-2-10　添加信号"推料气缸"

（9）在"信号适配器"对话框中勾选参数列表中"推料活塞"参数前的"指派为"复选框，点选公式列表中的"推料活塞"行，单击"插入条件"按钮，在弹出的"条件构建器"对话框中输入 If "推料气缸"，Then "31"，Else "0"，单击"确定"按钮，如图 6-2-11 所示。

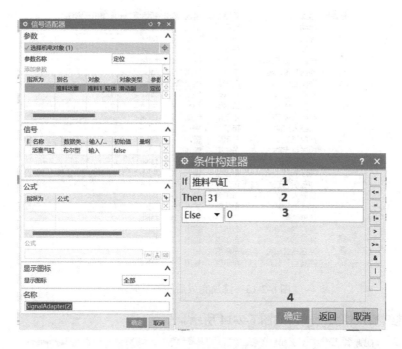

图 6-2-11 添加"推料活塞"条件

（10）继续添加"急停位置"等相关参数，如图 6-2-12 所示。

指派为	别名	对象	对象类型	参数	值	单位	数据类型	读/写
	旋钮角度	旋钮_底板_HJ(1)	铰链副	角度	0.000000	°	双精度型	R
	急停位置	急停按钮_底板_SJ(1)	滑动副	定位	0.000000	mm	双精度型	R
	传送带信号	CollisionSensor(1)	碰撞传感器	已触发	false		布尔型	R
	冲压前信号	CollisionSensor(2)	碰撞传感器	已触发	false		布尔型	R
	冲压后信号	CollisionSensor(3)	碰撞传感器	已触发	false		布尔型	R
	检测信号	CollisionSensor(4)	碰撞传感器	已触发	false		布尔型	R
☑	推料活塞	活塞1_缸体1_SJ(1)_PC(1)	位置控制	定位	0.000000	mm	双精度型	W
☑	传送带运动	传输面	传输面	活动的	true		布尔型	W
☑	冲压前活塞	活塞2_缸体2_SJ(1)_PC(1)	位置控制	定位	0.000000	mm	双精度型	W
☑	冲压活塞	活塞3_缸体3_SJ(1)_PC(1)	位置控制	定位	0.000000	mm	双精度型	W
☑	冲压后活塞	活塞4_缸体4_SJ(1)_PC(1)	位置控制	定位	0.000000	mm	双精度型	W
☑	机器人1速度	6轴_PCJ(1)_SC(1)	速度控制	速度	10.000000	s⁻¹	双精度型	W
☑	机器人2速度	6轴_PCJ(2)_SC(1)	速度控制	速度	10.000000	s⁻¹	双精度型	W
☑	机器人3速度	6轴_PCJ(3)_SC(1)	速度控制	速度	10.000000	s⁻¹	双精度型	W
☑	机器人4速度	6轴_PCJ(4)_SC(1)	速度控制	速度	10.000000	s⁻¹	双精度型	W
☑	机器人5速度	6轴_PCJ(5)_SC(1)	速度控制	速度	10.000000	s⁻¹	双精度型	W
☑	机器人6速度	6轴_PCJ(6)_SC(1)	速度控制	速度	10.000000	s⁻¹	双精度型	W
☑	机器人7速度	6轴_PCJ(7)_SC(1)	速度控制	速度	10.000000	s⁻¹	双精度型	W
☑	机器人8速度	6轴_PCJ(8)_SC(1)	速度控制	速度	10.000000	s⁻¹	双精度型	W
☑	机器人9速度	6轴_PCJ(9)_SC(1)	速度控制	速度	10.000000	s⁻¹	双精度型	W
☑	传输面速度	传输面	传输面	平行速度	40.000000	mm/s	双精度型	W
☑	活塞1速度	活塞1_缸体1_SJ(1)_PC(1)	位置控制	速度	10.000000	mm/s	双精度型	W
☑	活塞2速度	活塞2_缸体2_SJ(1)_PC(1)	位置控制	速度	10.000000	mm/s	双精度型	W
☑	活塞3速度	活塞3_缸体3_SJ(1)_PC(1)	位置控制	速度	10.000000	mm/s	双精度型	W
☑	活塞4速度	活塞4_缸体4_SJ(1)_PC(1)	位置控制	速度	10.000000	mm/s	双精度型	W
☑	指示灯颜色	指示灯	显示更改器	颜色	129		整型	W
☑	指示灯	指示灯	显示更改器	执行模式	0		整型	W
	推料活塞限位	活塞1_缸体1_SJ(1)	滑动副	定位	0.000000	mm	双精度型	R
	冲压前活塞限位	活塞2_缸体2_SJ(1)	滑动副	定位	0.000000	mm	双精度型	R
	冲压活塞限位	活塞3_缸体3_SJ(1)	滑动副	定位	0.000000	mm	双精度型	R
	冲压后活塞限位	活塞4_缸体4_SJ(1)	滑动副	定位	0.000000	mm	双精度型	R

图 6-2-12 添加完成后的参数列表

（11）继续添加"停止"等相关信号，如图 6-2-13 所示。

指派为	名称	数据类型	输入/输出	初始值	量纲	单位	附注
☑	启动	布尔型	输出	false			
☑	停止	布尔型	输出	false			
☑	急停	布尔型	输出	false			
☑	传送带传感器	布尔型	输出	false			
☑	冲压前传感器	布尔型	输出	false			
☑	冲压后传感器	布尔型	输出	false			
☑	检测传感器	布尔型	输出	false			
☐	机器人放入	布尔型	输出	false			
☐	机器人完成	布尔型	输出	false			
	机器人启动	布尔型	输入	false			
	推料气缸	布尔型	输入	false			
	传送带启动	布尔型	输入	false			
	冲压前气缸	布尔型	输入	false			
	冲压气缸	布尔型	输入	false			
	冲压后气缸	布尔型	输入	false			
	机器人传送带取料	布尔型	输入	false			
	机器人放料	布尔型	输入	false			
	急停信号	布尔型	输入	false			
☑	推料气缸限位	布尔型	输出	false			
☑	冲压前气缸限位	布尔型	输出	false			
☑	冲压气缸限位	布尔型	输出	false			
☑	冲压后气缸限位_1	布尔型	输出	false			

图 6-2-13　添加完成后的信号列表

（12）继续插入相关公式，如图 6-2-14 所示。

指派为	公式	附注
推料活塞	If (推料气缸) Then (31) Else (0)	
传送带运动	If (传送带启动) Then (true) Else (false)	
冲压前活塞	If (冲压前气缸) Then (100) Else (0)	
冲压活塞	If (冲压气缸) Then (46) Else (0)	
冲压后活塞	If (冲压后气缸) Then (100) Else (0)	
机器人1速度	If (急停信号) Then (0) Else (10)	
机器人2速度	If (急停信号) Then (0) Else (10)	
机器人3速度	If (急停信号) Then (0) Else (10)	
机器人4速度	If (急停信号) Then (0) Else (10)	
机器人5速度	If (急停信号) Then (0) Else (10)	
机器人6速度	If (急停信号) Then (0) Else (10)	
机器人7速度	If (急停信号) Then (0) Else (10)	
机器人8速度	If (急停信号) Then (0) Else (10)	
机器人9速度	If (急停信号) Then (0) Else (10)	
传输面速度	If (急停信号) Then (0) Else (40)	
活塞1速度	If (急停信号) Then (0) Else (10)	
活塞2速度	If (急停信号) Then (0) Else (10)	
活塞3速度	If (急停信号) Then (0) Else (10)	
活塞4速度	If (急停信号) Then (0) Else (10)	
指示灯颜色	If (急停信号) Then (147) Else If (启动) Then (29) Else (42)	
指示灯	1000	
启动	If (旋钮角度>100&旋钮角度<130) Then (true) Else (false)	
停止	If (旋钮角度<100|旋钮角度>130) Then (true) Else (false)	
急停	If (急停位置<-1) Then (true) Else (false)	
传送带传感器	If (传送带信号) Then (true) Else (false)	
冲压前传感器	If (冲压前信号) Then (true) Else (false)	
冲压后传感器	If (冲压后信号) Then (true) Else (false)	
检测传感器	If (检测信号) Then (true) Else (false)	
推料气缸限位	If (推料活塞限位>30.9) Then (true) Else (false)	
冲压前气缸限位	If (冲压前活塞限位=100) Then (true) Else (false)	
冲压气缸限位	If (冲压活塞限位>45.9) Then (true) Else (false)	
冲压后气缸限位_1	If (冲压后活塞限位=100) Then (true) Else (false)	

图 6-2-14　添加完成后的公式列表

（13）单击"信号适配器"对话框下方的"确定"按钮，弹出"将信号名称添加到符号表"对话框，单击"确定"按钮，如图 6-2-15 所示。

图 6-2-15　"将信号名称添加到符号表"对话框

（14）完成信号适配器及符号表的创建后，创建的信号将在软件界面右侧的机电导航器中显示，如图 6-2-16 所示。

图 6-2-16　机电导航器

任务 3　PLC 编程

[任务描述]

基于西门子 S6-1500 硬件平台，使用博途 V15.1 软件，实现机器人工作站 PLC 控制程序编程任务。

[知识准备]

1. PLC 输入/输出变量定义

对应 MCD 平台的输入/输出信号表，定义 PLC 的输入/输出分配表，如表 6-3-1 所示。

表 6-3-1　PLC 的输入/输出分配表

输入信号		输出信号	
名　称	输入点编号	名　称	输出点编号
启动	I0.0	机器人传送带取料	Q0.0
停止	I0.1	机器人启动	Q0.1
急停	I0.2	推料气缸	Q0.2
传送带传感器	I0.3	传送带启动	Q0.3
冲压前传感器	I0.4	冲压前气缸	Q0.4
冲压后传感器	I0.5	冲压气缸	Q0.5
检测传感器	I0.6	冲压后气缸	Q0.6
机器人放入	I0.7	机器人放料	Q0.7
机器人完成	I1.0	急停信号	Q1.0
推料气缸限位	I1.1		
冲压前气缸限位	I1.2		
冲压气缸限位	I1.3		
冲压后气缸限位	I1.4		

2. 顺序功能图

将机器人工作站的工作流程划分为若干个顺序相连的阶段（称为步，用内部辅助继电器 M 来表示），实现工作站自动、有秩序地进行操作，顺序功能图如图 6-3-1 所示。

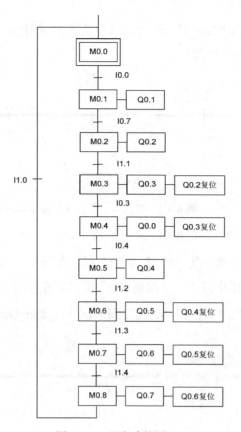

图 6-3-1　顺序功能图

3. 信号边沿指令

1）扫描操作数的信号上升沿指令

此指令有两个操作数，在操作数 2 中保存上一个扫描周期操作数 1 的状态，当操作数 1 由 "0" 变为 "1" 时，输出为 true。

如图 6-3-2 所示，当 "Tag_1" 由 "0" 变为 "1" 时，"Tag_2" 存储 "Tag_1" 当前状态，"Tag_Out" 为 "1"。

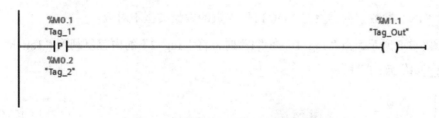

图 6-3-2　扫描操作数的信号上升沿指令

2）在信号上升沿置位操作数指令

此指令当输入线圈从 "0" 变为 "1" 时，将操作数置为 "1"，操作数 2 保存输入端的 RLO 边沿存储位。

如图6-3-3所示，当"Tag_1"和"Tag_2"从"0"更改为"1"（信号上升沿）时，操作数"Tag_Out"置位一个周期。

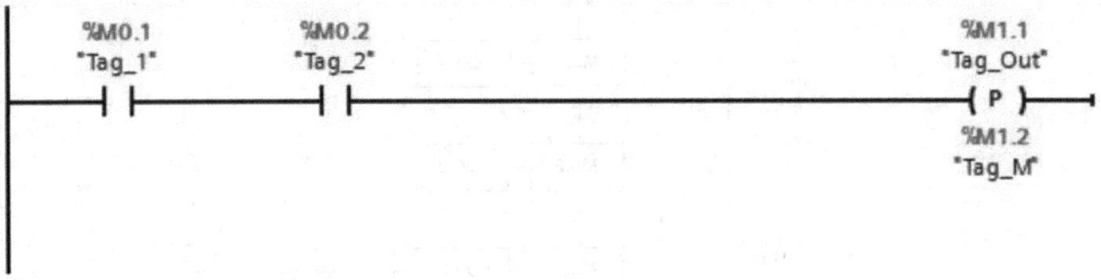

图 6-3-3　在信号上升沿置位操作数指令

3）扫描 RLO 的信号上升沿指令

当"CLK"端（输入端）从"0"变为"1"时，此指令使"Q"端输出一个扫描周期的"1"，并与保存在 Tag_M 中的上一个周期"Q"端状态进行比较。

如图6-3-4所示，当"Tag_1"从"0"到"1"时，Tag_Out 输出为"1"。

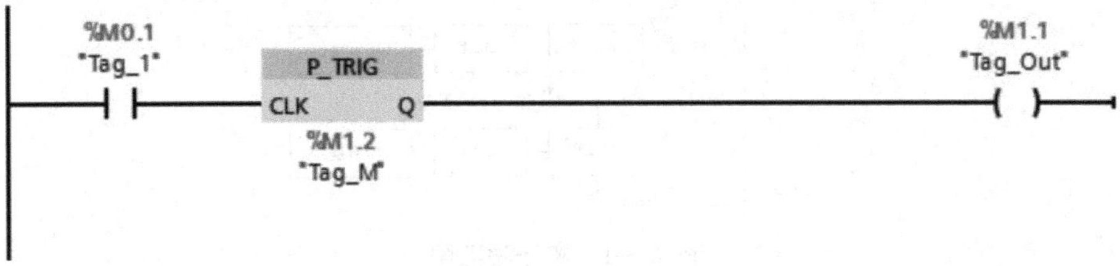

图 6-3-4　扫描 RLO 的信号上升沿指令

4. 移动值指令

当"EN"端值为"1"时执行该指令，将"IN"端数据传入"OUT1"端，"ENO"端为"1"。

当满足下列条件之一，"ENO"端为"0"。

（1）使能输入"EN"端的信号状态为"0"。

（2）"IN"参数数据类型与"OUT1"参数的数据类型不对应。

如图6-3-5所示，当"Tag_1"为"1"时，将"Tag_2"的内容复制到"Tag_M"中，并将"Tag_Out"置为"1"。

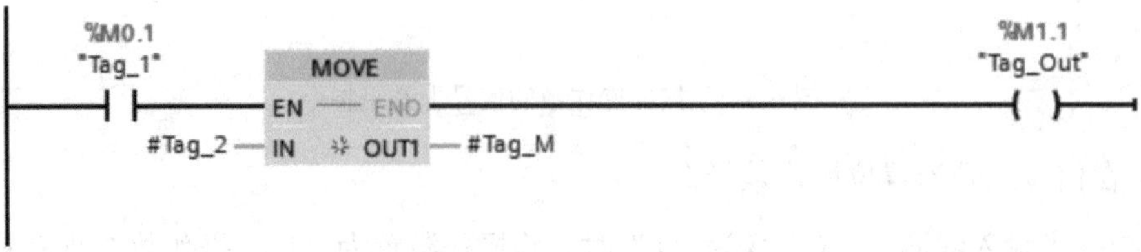

图 6-3-5　移动值指令

5. 生产接通延时指令

当"IN"端从"0"变为"1"时，此指令启动计时器计时，在时间超出设定时间"PT"后，"Q"端变为"1"。只要"IN"端仍为"1"，"Q"端保持置位；当"IN"端从"1"变为"0"时，复位"Q"端。

如图 6-3-6 所示，当"Tag_1"从"0"变为"1"，且计时超过"IEC_Timer_0_DB.ET"计时器中存储的时间时，将"Tag_Out"置为"1"，并保持。

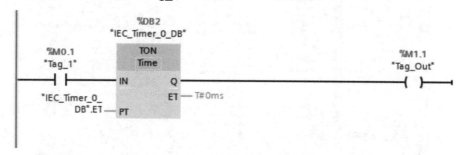

图 6-3-6　生产接通延时指令

[任务步骤]

（1）启动博途 V15.1 软件，单击启动界面中的"创建新项目"命令，弹出"创建新项目"对话框，设置"项目名称"为"test1"，将"路径"修改为工作路径，单击"创建"按钮，如图 6-3-7 所示。

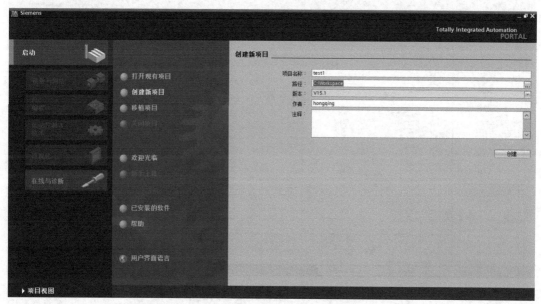

图 6-3-7　创建新项目"test1"

（2）在"设备"导航栏中单击"添加新设备"，弹出"添加新设备"对话框，单击"控制器"→"SIMATIC S7-1500"→"CPU"→"CPU 1511-1 PN"→"6ES7 511-1AK00-0AB0"，单击"确定"按钮，如图 6-3-8 所示。

图 6-3-8 添加控制器

（3）在"设备"导航栏中单击"PLC_1"→"PLC 变量"→"默认变量表"，弹出"默认变量表"对话框，根据输入/输出分配表，新建默认变量表，如图 6-3-9 所示。

图 6-3-9 新建默认变量表

（4）在"设备"导航栏中单击"PLC_1"→"程序块"→"Main[OB1]"，弹出程序编辑界面，如图 6-3-10 所示。

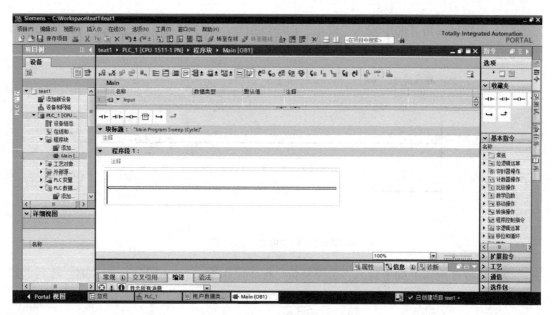

图 6-3-10　程序编辑界面

（5）在程序编辑界面中输入"启动"程序段指令，当"I0.0"启动信号由"0"变为"1"，启动上升沿，且"I0.1"为"0"时，"M1.0"置"1"，"数据块_1.step"从"0"步跳到"1"步，如图 6-3-11 所示。

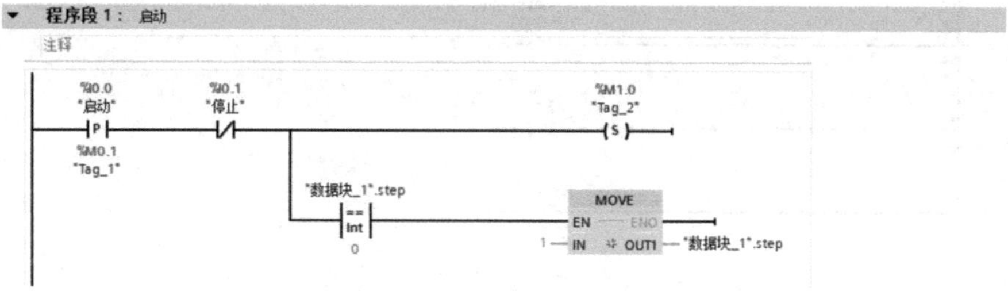

图 6-3-11　"启动"程序段

（6）在程序编辑界面中输入"初始复位"程序段指令，当"数据块_1.step"为"0"步时，将"Q0.1"、"Q0.7"和"Q0.0"分别复位，如图 6-3-12 所示。

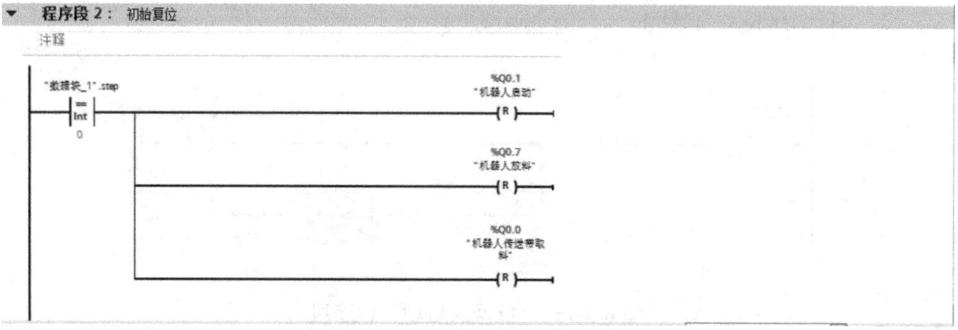

图 6-3-12　"初始复位"程序段

（7）在程序编辑界面中输入"停止"程序段指令，当"0"步，且"I0.1"或"I0.2"为"1"时，"M1.0"复位，如图6-3-13所示。

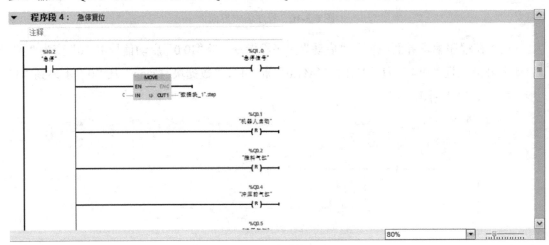

图6-3-13   "停止"程序段

（8）在程序编辑界面中输入"急停复位"程序段指令，当"I0.2"为"1"时，转到"0"步，输出"Q1.0"为"1"，并将"Q0.1"～"Q0.7"全部复位，如图6-3-14所示。

图6-3-14   "急停复位"程序段

（9）在程序编辑界面中输入"机器人启动"程序段指令，进入"1"步，当"M1.0"为"1"时，"Q0.1"置"1"，并转到"2"步，如图6-3-15所示。

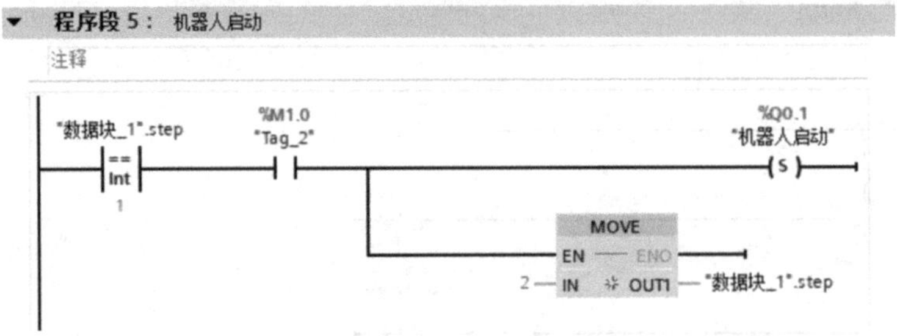

图6-3-15   "机器人启动"程序段

（10）在程序编辑界面中输入"推料气缸启动"程序段指令，进入"2"步，当"M1.0"为"1"时，"I0.7"为"1"，等待1s，"Q0.2"置"1"，并转到"3"步，如图6-3-16所示。

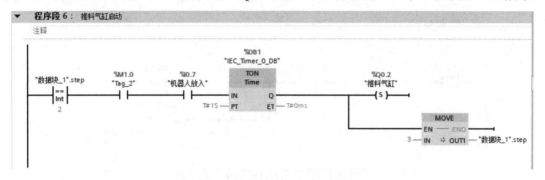

图6-3-16 "推料气缸启动"程序段

（11）在程序编辑界面中输入"传送带启动"程序段指令，进入"3"步，当"M1.0"、"Q0.2"和"I1.1"为"1"时，"Q0.2"复位，"Q0.3"置"1"，并转到"4"步，如图6-3-17所示。

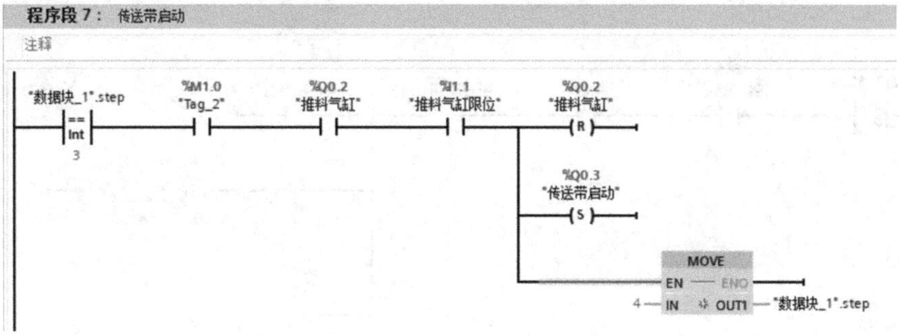

图6-3-17 "传送带启动"程序段

（12）在程序编辑界面中输入"机器人传送带取料启动"程序段指令，进入"4"步，当"M1.0"和"I0.3"为"1"时，"Q0.3"复位，"Q0.0"置"1"，并转到"5"步，如图6-3-18所示。

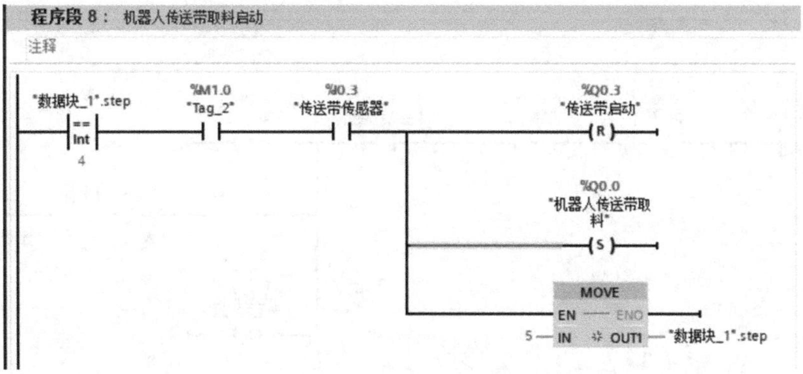

图6-3-18 "机器人传送带取料启动"程序段

（13）在程序编辑界面中输入"冲压前气缸启动"程序段指令，进入"5"步，当"M1.0"和"I0.4"为"1"时，"Q0.4"置"1"，并转到"6"步，如图6-3-19所示。

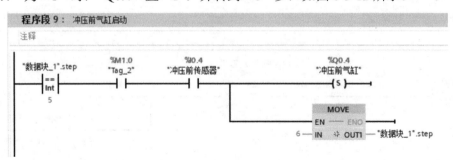

图6-3-19　"冲压前气缸启动"程序段

（14）在程序编辑界面中输入"冲压气缸启动"程序段指令，进入"6"步，当"M1.0"、"I1.2"和"Q0.4"为"1"时，"Q0.4"复位，"Q0.5"置"1"，并转到"7"步，如图6-3-20所示。

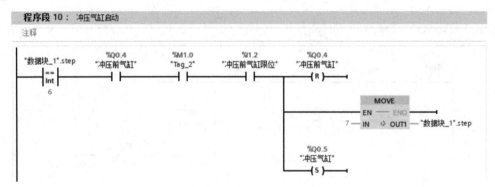

图6-3-20　"冲压气缸启动"程序段

（15）在程序编辑界面中输入"冲压后气缸启动"程序段指令，进入"7"步，当"M1.0"、"I1.3"和"Q0.5"为"1"时，"Q0.5"复位，"Q0.6"置"1"，并转到"8"步，如图6-3-21所示。

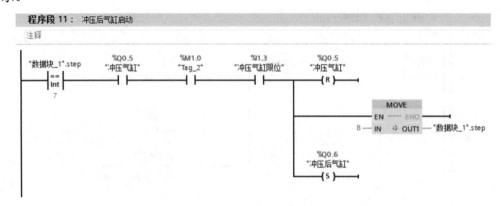

图6-3-21　"冲压后气缸启动"程序段

（16）在程序编辑界面中输入"机器人放料启动"程序段指令，进入"8"步，当"M1.0"、"I1.4"和"Q0.6"为"1"时，"Q0.6"复位，"Q0.7"置"1"，并转到"9"步，如图6-3-22所示。

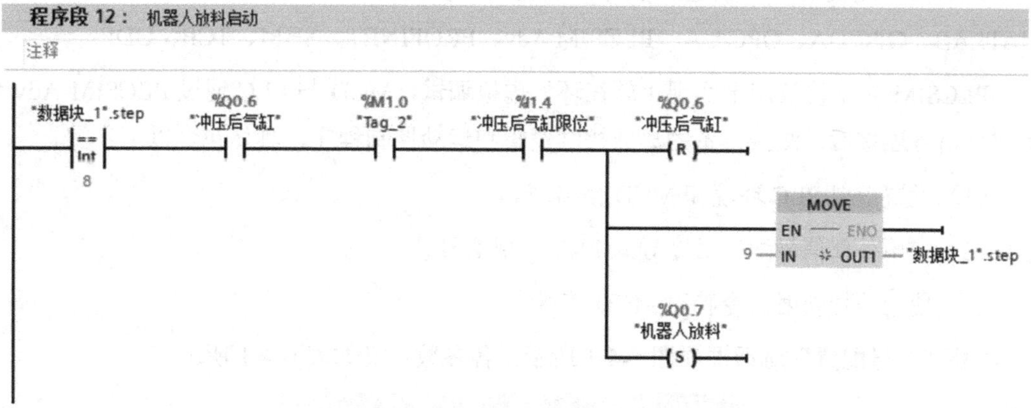

图6-3-22　"机器人放料启动"程序段

（17）在程序编辑界面中输入"完成复位"程序段指令，进入"9"步，当"M1.0"和"I1.0"为"1"时，"M1.0"复位，并回到"0"步，完成一个循环，如图6-3-23所示。

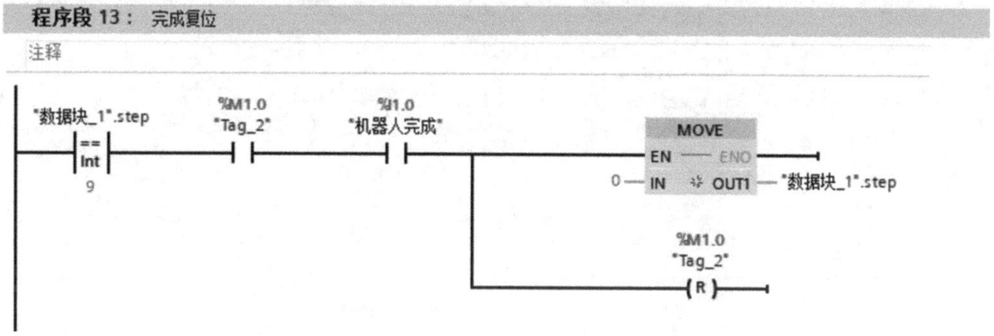

图6-3-23　"完成复位"程序段

任务4　虚拟联调仿真

[任务描述]

本任务首先基于S6-PLCSIM Advanced V2.0 平台启动虚拟PLC，通过外部信号配置命令导入PLC程序指定的输入/输出信号，然后通过信号映射命令与MCD信号表中的信号一一对应，实现PLC的虚拟联调。

［知识准备］

1. 外部信号配置命令

外部信号配置命令可以建立多种协议类型，以便使用外部信号实现联调仿真，包括 MATLAB、OPC DA、OPC UA、PLCSIM Adv、PROFINET、SHM、TCP、UDP。

PLCSIM Adv 协议用于实现"软在环"虚拟调试，MCD 与 PLC 通过 PLCSIM Adv 通信建立信号连接后，测试设备的离散控制逻辑和运动控制程序，具体包含以下步骤。

（1）设置虚拟 PLC 环境和 MCD 信号表。

（2）使用外部信号配置命令导入 PLC 外部信号。

（3）使用信号映射命令映射 MCD 信号。

"外部信号配置"对话框如图 6-4-1 所示，各参数定义如表 6-4-1 所示。

图 6-4-1 "外部信号配置"对话框

表 6-4-1　外部信号配置参数定义

参　　数	定　　义
实例	显示所有在 PLCSIM Adv 中注册的 PLC 实例，从中选择所需的 PLC 实例
实例信息	实例信息包括： （1）更新选项：搜索特定的标记信号； （2）区域：指定所需的标记类型； （3）仅 HMI 可见：过滤 HMI 可见的标记； （4）数据块过滤器：仅从用户定义的数据块中搜索标记，未指定从所有数据块中搜索
更新标记	更新特定的实例，并在标记表中显示所有标记信息
循环	设置 MCD 信号与 PLCSIM Adv 信号同步的属性

2．信号映射

使用信号映射命令将 MCD 信号与外部信号手动映射或取消映射，并指定需要映射的 MCD 信号和外部信号的类型。

可以使用信号映射命令执行以下操作。

（1）打开"外部信号配置"对话框（见图 6-4-1）以创建新配置。

（2）检查 MCD 信号表或外部信号映射的次数。

（3）搜索配置中的信号。

（4）同时连接和断开多个信号。

"信号映射"对话框如图 6-4-2 所示，各参数定义如表 6-4-2 所示。

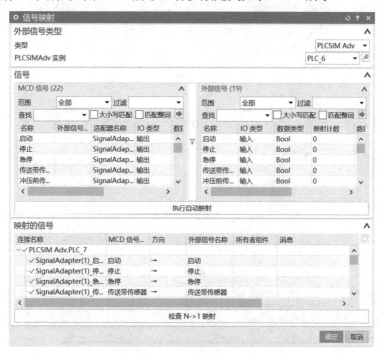

图 6-4-2　"信号映射"对话框

表6-4-2　信号映射参数定义

参　　数	定　　义
类型	选择映射的外部信号的类型，包括 MATLAB、OPC DA、OPC UA、PLCSIM Adv、PROFINET、SHM、TCP、UDP
PLCSIM Adv 实例	选择软件虚拟 PLC 实例
信号	包含 MCD 信号表和外部信号表： （1）MCD 信号表显示在 MCD 平台中创建的内部信号名称、适配器名称、IO 类型、数据类型、映射计数、所有者组件； （2）外部信号表显示所有可选的外部信号的名称、IO 类型、数据类型、映射计数、路径
映射的信号	显示 MCD 信号和外部信号之间建立的连接，包括以下信息：连接名称、MCD 信号名称、方向、外部信号名称、所有者组件、消息
检查 N->1 映射	确认只有一个信号映射到 MCD 输入信号

［任务步骤］

（1）PLCSIM Advanced 是西门子推出的一款高功能仿真器，它可以防真一般的 PLC 逻辑控制程序，还可以仿真通信。启动 PLCSIM Advanced，在启动界面中设置"Instance name"为"PLC 7"，单击"Start"按钮，启动 PLC，"PLC_7"前的指示灯为绿色。PLCSIM Advanced 启动界面如图 6-4-3 所示。

图 6-4-3　PLCSIM Advanced 启动界面

（2）打开 PLC 程序"test1.ap15_1"，在"设备"导航栏中，右击"test1"，在弹出的快捷菜单中选择"属性"命令，如图 6-4-4 所示。

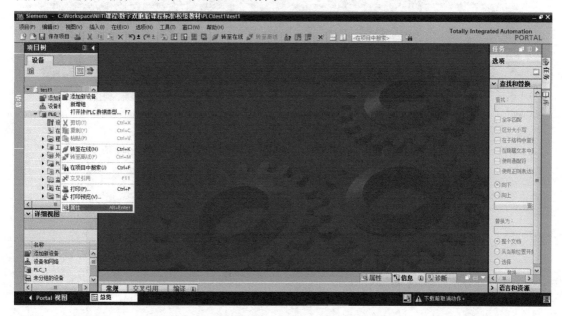

图 6-4-4　选择"属性"命令

（3）在弹出的"test1[项目]"对话框中，单击"保护"选项卡，勾选"块编译时支持仿真"复选框，单击"确定"按钮，如图 6-4-5 所示。

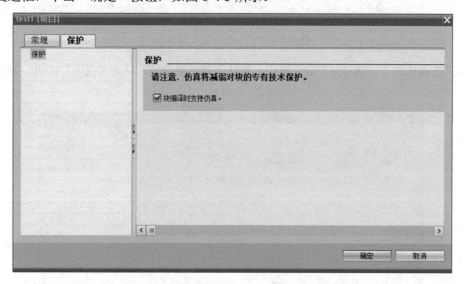

图 6-4-5　勾选"块编译时支持仿真"复选框

（4）单击"PLC_1"，单击"编译"和"下载到设备"按钮，如图 6-4-6 所示。

图 6-4-6 单击"编译"和"下载到设备"按钮

（5）在弹出的"下载预览"对话框中，单击"装载"按钮，如图 6-4-7 所示。

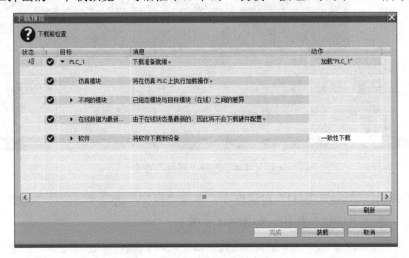

图 6-4-7 "下载预览"对话框

（6）在弹出的"下载结果"对话框中，确认下载结果信息，单击"完成"按钮，如图 6-4-8 所示。

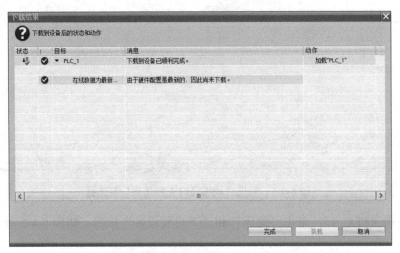

图 6-4-8 "下载结果"对话框

（7）打开文件"CHL-JC-02-A_stp.prt"，在之前任务的基础上，单击功能区"应用模块"下的"更多"下拉菜单，选择"机电概念设计"选项，进入 MCD 环境，单击功能区"主页"下的"外部信号配置"下拉菜单，选择"外部信号配置"命令，如图 6-4-9 所示，弹出"外部信号配置"对话框。

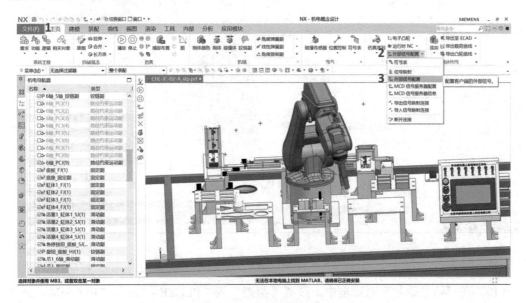

图 6-4-9　选择"外部信号配置"命令

（8）在"外部信号配置"对话框"PLCSIM Adv"选项卡的实例列表中选择"PLC_7"，单击"更新标记"按钮；在标记表中显示"PLC_7"的所有信号，勾选"全选"复选框，单击"确定"按钮，如图 6-4-10 所示。

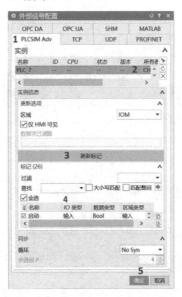

图 6-4-10　"外部信号配置"对话框

（9）单击功能区"主页"下的"外部信号配置"下拉菜单，选择"信号映射"命令，如图 6-4-11 所示，弹出"信号映射"对话框，如图 6-4-12 所示。

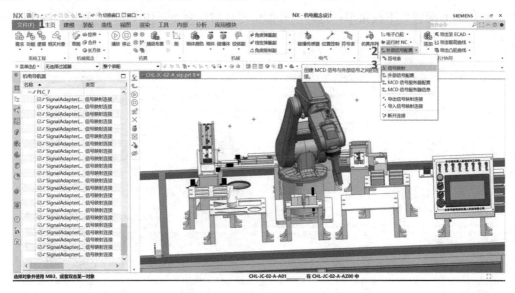

图 6-4-11　选择"信号映射"命令

（10）在"信号映射"对话框中，设置"类型"为"PLCSIM Adv"，"PLCSIM Adv 实例"为"PLC_7"，在 MCD 信号表和外部信号表中选择对应的信号，单击"映射信号"按钮。完成映射后，在"映射的信号"列表中显示建立的信号连接，检查无误后单击"确定"按钮，如图 6-4-12 所示，完成后的"信号连接"列表如图 6-4-13 所示。

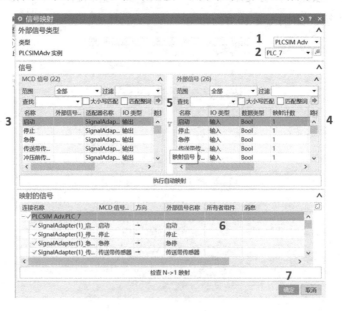

图 6-4-12　"信号映射"对话框

连接名称	MCD 信号名称	方向	外部信号名称	所有者组件	消息
☐─✓ PLCSIM Adv.PLC_7					
├─✓ SignalAdapter(1)_启动_启动	启动	→	启动		
├─✓ SignalAdapter(1)_停止_停止	停止	→	停止		
├─✓ SignalAdapter(1)_急停_急停	急停	→	急停		
├─✓ SignalAdapter(1)_传送带传感器_传送带传感器	传送带传感器	→	传送带传感器		
├─✓ SignalAdapter(1)_冲压前传感器_冲压前传感器	冲压前传感器	→	冲压前传感器		
├─✓ SignalAdapter(1)_冲压后传感器_冲压后传感器	冲压后传感器	→	冲压后传感器		
├─✓ SignalAdapter(1)_检测传感器_检测传感器	检测传感器	→	检测传感器		
├─✓ SignalAdapter(1)_机器人放入_机器人放入	机器人放入	→	机器人放入		
├─✓ SignalAdapter(1)_机器人完成_机器人完成	机器人完成	→	机器人完成		
├─✓ SignalAdapter(1)_机器人启动_机器人启动	机器人启动	←	机器人启动		
├─✓ SignalAdapter(1)_推料气缸_推料气缸	推料气缸	←	推料气缸		
├─✓ SignalAdapter(1)_传送带启动_传送带启动	传送带启动	←	传送带启动		
├─✓ SignalAdapter(1)_冲压前气缸_冲压前气缸	冲压前气缸	←	冲压前气缸		
├─✓ SignalAdapter(1)_冲压气缸_冲压气缸	冲压气缸	←	冲压气缸		
├─✓ SignalAdapter(1)_冲压后气缸_冲压后气缸	冲压后气缸	←	冲压后气缸		
├─✓ SignalAdapter(1)_机器人传送带取料_机器人传送带取料	机器人传送带取料	←	机器人传送带取料		
├─✓ SignalAdapter(1)_机器人放料_机器人放料	机器人放料	←	机器人放料		
├─✓ SignalAdapter(1)_急停信号_急停信号	急停信号	←	急停信号		
├─✓ SignalAdapter(1)_推料气缸限位_推料气缸限位	推料气缸限位	→	推料气缸限位		
├─✓ SignalAdapter(1)_冲压前气缸限位_冲压前气缸限位	冲压前气缸限位	→	冲压前气缸限位		
├─✓ SignalAdapter(1)_冲压气缸限位_冲压气缸限位	冲压气缸限位	→	冲压气缸限位		
└─✓ SignalAdapter(1)_冲压后气缸限位_1_冲压后气缸限位	冲压后气缸限位_1	→	冲压后气缸限位		

图 6-4-13　完成后的"信号连接"列表

（11）修改仿真序列"初始 false"，条件对象为"机器人启动"信号，条件为"If 值＝true"，如图 6-4-14 所示。

图 6-4-14　修改仿真序列"初始 false"

（12）修改仿真序列"取料回 false"，条件对象为"机器人传送带取料"信号，条件为"If 值＝true"，如图 6-4-15 所示。

图 6-4-15　修改仿真序列"取料回 false"

（13）修改仿真序列"抓料 2false 条"，条件对象为"机器人放料"信号，条件为"If 值 ==true"，如图 6-4-16 所示。

图 6-4-16　修改仿真序列"抓料 2false 条"

（14）在序列编辑器中调整仿真序列次序，如图 6-4-17 所示。

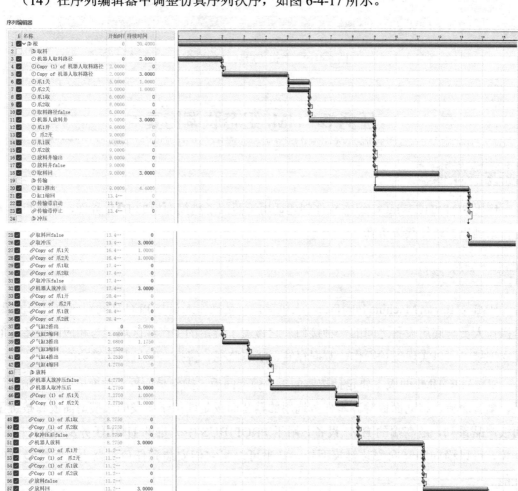

图 6-4-17　更新后的仿真序列

（15）单击功能区"主页"下的"播放"命令，开始运动仿真模拟，同时在博途软件中单击"启动 CPU"命令，实现 MCD 与 PLC 联动虚拟调试；单击功能区"主页"下的"停止"命令，同时在博途软件中单击"停止 CPU"命令，结束运动仿真模拟，如图 6-4-18 和图 6-4-19 所示。

图 6-4-18　单击"播放""停止"命令

图 6-4-19　单击"启动 CPU"命令

任务 5　HMI 组态联调仿真

［任务描述］

应用 SIMATIC WinCC 组态软件创建适用于西门子精简面板的 HMI 界面，实现机器人工作站触摸屏软件联调仿真。

［知识准备］

HMI（Human Machine Interface，人机接口）是操作人员与 PLC 之间双向沟通的桥梁，是操作人员与底层设备之间的一种接口。它覆盖了特定的生产线区域，与相应的设备之间建立连接，可以实现现场操作、数据存储、状态监视、警报、变量归档等功能。

SIMATIC HMI 面板主要包括按钮面板、微型面板、操作员面板、触摸屏面板、精简面板、精智面板、移动面板等。本任务选用的精智面板是西门子研发的触摸型面板和按键型面板产品系列，是高端的 HMI 设备，用于 PROFIBUS 中先进的 HMI 任务及 PROFINET 环境，可以横向和竖向安装触摸面板，几乎可以将它们安装到任何机器上，发挥最高的性能。

组态软件最早于 20 世纪 80 年代运行在 DOS 环境下，随着 Windows 系统的发展，目前主流的组态软件包括美国 Wonderware 的 InTouch、美国 GE Fanuc 的 IFix、德国西门子的 SIMATIC WinCC，此外国产组态软件也占据越来越大的市场，如组态王、世纪星、力控、MCGS 等。

本任务使用的 SIMATIC WinCC（Windows Control Center，视窗控制中心）是西门子经典的过程监视系统。它作为西门子 TIA（全集成自动化）理念中的关键组成之一，实现了自动化系统与 IT 系统之间的互联互通。

SIMATIC WinCC 包含 4 种版本：WinCC Basic、WinCC Comfort、WinCC Advanced、WinCC Professional。本任务使用的 WinCC Comfort 版本可用于组态所有面板（包括精智面板和移动面板）。

[任务步骤]

（1）启动博途 V15.1 软件，在启动界面中单击"打开现有项目"命令，在右侧"最近使用的"列表框中，选择"test1.ap15_1"，单击"打开"按钮，打开后单击左下角"项目视图"按钮，进入项目视图，如图 6-5-1 所示。

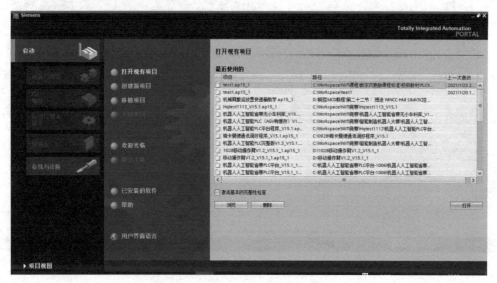

图 6-5-1　打开项目"test1.ap15_1"

（2）在"设备"导航栏中单击"添加新设备"，弹出"添加新设备"对话框，单击"HMI"→"SIMATIC 精智面板"→"7"显示屏"→"TP700 Comfort"→"6AV2 124-0GC01-0AX0"，单击"确定"按钮，如图 6-5-2 所示。

图 6-5-2　添加 HMI 面板

（3）在弹出的"HMI 设备向导"对话框中单击"PLC 连接"命令，在"选择 PLC"列表中选择之前创建的 PLC"PLC_1"，单击"下一步"按钮，如图 6-5-3 所示。

图 6-5-3　设置 PLC 连接 1

（4）对于后续的设置"画面布局""报警""画面""系统画面""按钮"都保持默认设置，单击"完成"按钮，如图 6-5-4 所示。

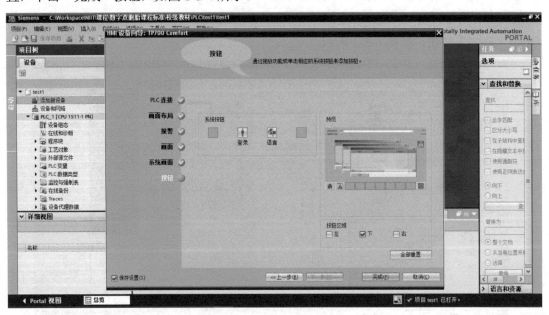

图 6-5-4　设置 PLC 连接 2

（5）在"设备"导航栏中单击"test1"→"HMI_1"→"画面"→"根画面"，打开"根画面"界面如图 6-5-5 所示。

图 6-5-5　根画面

（6）在"设备"导航栏中双击"test1"→"HMI_1"→"添加新画面"，生成一个新界面，并将界面名称改为"自动画面"，如图 6-5-6 所示。

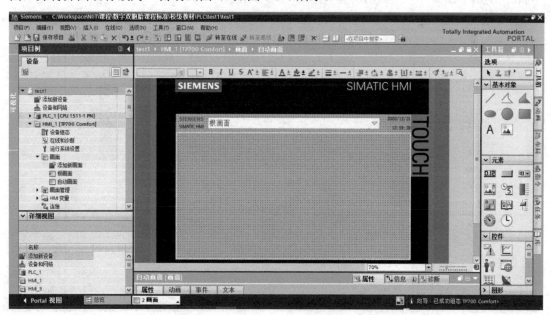

图 6-5-6　自动画面

（7）单击右侧工具箱中的"元素—按钮"图标，拖动到自动画面的右下角，在界面下方的"巡视窗口"中单击"属性"→"属性"→"属性列表"→"常规",在标签文本框中输入"切换主页",如图 6-5-7 所示。

图 6-5-7　添加"切换主页"按钮

（8）在界面下方的"巡视窗口"中单击"属性"→"事件"→"单击";单击函数下拉列表;单击"画面"→"激活屏幕",如图 6-5-8 所示。

图 6-5-8　添加"激活屏幕"函数

（9）单击"画面名称"下拉列表;单击"HMI_1"→"画面"→"根画面";单击绿色

确认按钮"√"，如图 6-5-9 所示。

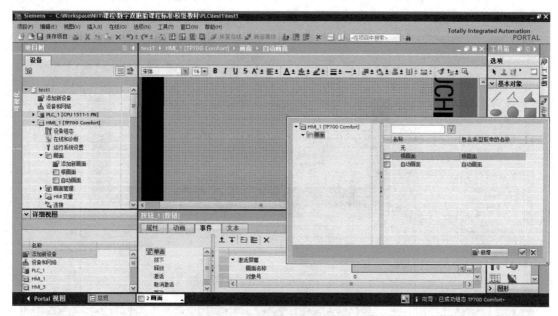

图 6-5-9　设置"画面名称"

（10）切换到根画面，单击右侧工具箱中的"元素—按钮"图标，拖动到根画面的右下角，在界面下方的"巡视窗口"中单击"属性"→"属性"→"属性列表"→"常规"，在标签文本框中输入"切换手动"，如图 6-5-10 所示。

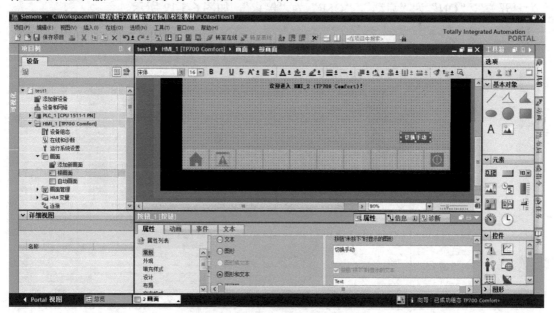

图 6-5-10　添加"切换手动"按钮

（11）在界面下方的"巡视窗口"中单击"属性"→"事件"→"单击"；单击函数下拉

列表；单击"系统函数"→"画面"→"激活屏幕"，并单击"画面名称"下拉列表，单击"HMI_1"→"画面"→"自动画面"；单击绿色确认按钮"√"，如图 6-5-11 所示。

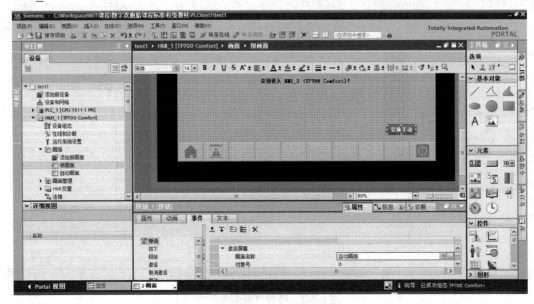

图 6-5-11　设置"画面名称"

（12）单击右侧工具箱中的"元素—按开关"图标，拖动到根画面的中部，在界面下方的"巡视窗口"中单击"属性"→"属性"→"属性列表"→"常规"，设置标签"标题"为"开关"，"ON"为"启动"，"OFF"为"停止"，如图 6-5-12 所示。

图 6-5-12　添加"开关"按钮

（13）在界面下方的"巡视窗口"中单击"属性"→"事件"→"打开"；单击函数下拉

列表；单击"系统函数"→"编辑位"→"置位位"，如图 6-5-13 所示。

图 6-5-13　添加"置位位"函数

（14）单击"变量（输入输出）"下拉列表；单击"PLC_1"→"PLC 变量"→"默认变量表"，在变量表中选择"启动"，单击绿色确认按钮"√"，如图 6-5-14 所示。

图 6-5-14　设置"变量（输入输出）"

（15）在界面下方的"巡视窗口"中单击"属性"→"事件"→"打开"；单击函数下拉列表；单击"系统函数"→"编辑位"→"复位位"；单击"变量（输入输出）"下拉列表；

单击"PLC_1"→"PLC 变量"→"默认变量表",在变量表中选择"停止",单击绿色确认按钮"√",如图 6-5-15 所示。

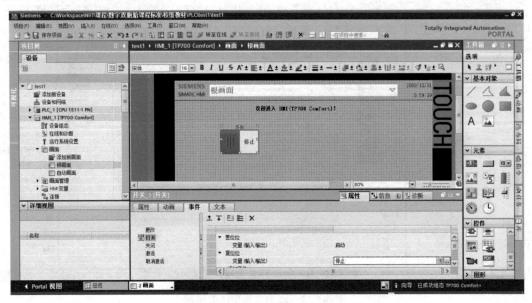

图 6-5-15　添加"复位位"函数

（16）在界面下方的"巡视窗口"中单击"属性"→"事件"→"关闭",添加与"打开"事件相反的"关闭"事件,"启动"复位,"停止"置位函数,如图 6-5-16 所示。

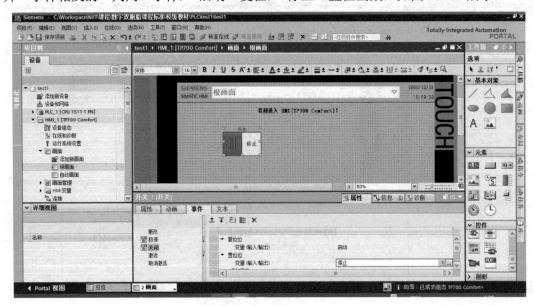

图 6-5-16　添加"关闭"事件

（17）单击右侧工具箱中的"元素—按钮"图标,拖动到根画面的"开关"的右侧,在界面下方的"巡视窗口"中单击"属性"→"属性"→"属性列表"→"常规",在标签文本框中输入"停止",如图 6-5-17 所示。

图 6-5-17　添加"停止"按钮

(18) 在界面下方的"巡视窗口"中单击"属性"→"事件"→"单击";单击函数下拉列表;单击"系统函数"→"编辑位"→"取反位";单击"变量(输入输出)"下拉列表;单击"PLC_1"→"PLC 变量"→"默认变量表",在变量表中选择"急停",单击绿色确认按钮"√",如图 6-5-18 所示。

图 6-5-18　添加"取反位"函数

(19) 在界面下方的"巡视窗口"中双击"属性"→"动画"→"显示"→"添加新动画",在弹出的"添加动画"对话框中选择"外观",单击"确定"按钮,如图 6-5-19 所示。

图 6-5-19　添加"外观"动画

（20）单击"变量—名称"下拉列表；单击"HMI_1"→"HMI 变量"→"默认变量表"，在变量表中选择"急停"，单击绿色确认按钮"√"，如图 6-5-20 所示。

图 6-5-20　添加"变量—名称"

（21）在"范围"列表中，输入"0"范围对应的背景色"99,101,113"，输入"1"范围对应的背景色"255,0,0"，如图 6-5-21 所示。

图 6-5-21　添加"范围"

（22）单击右侧工具箱中的"基本对象—圆"图标，拖动到根画面的中下方；单击右侧工具箱中的"基本对象—文本域"图标，拖动到根画面的圆对象下方，将文本更改为"工作状态"，作为工作状态指示灯，如图 6-5-22 所示。

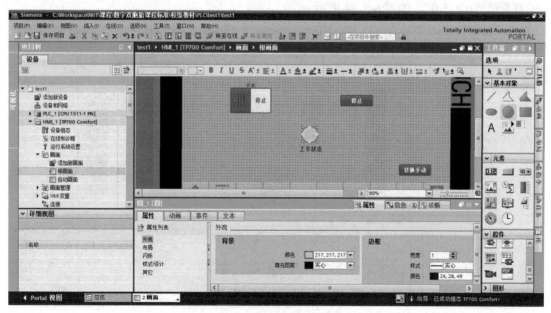

图 6-5-22　添加工作状态指示灯

（23）在界面下方的"巡视窗口"中双击"属性"→"动画"→"显示"→"添加新动画"，在弹出的"添加动画"对话框中选择"外观"，单击"确定"按钮；单击"变量—名称"下拉列表；单击"PLC_1"→"PLC 变量"→"默认变量表"，在变量表中选择"%M1.0"，单击绿色确认按钮"√"，如图 6-5-23 所示。

图 6-5-23　添加变量"%M1.0"

（24）在"范围"列表中，输入"0"范围对应的背景色"255,0,0"，输入"1"范围对应的背景色"0,255,0"，如图 6-5-24 所示。

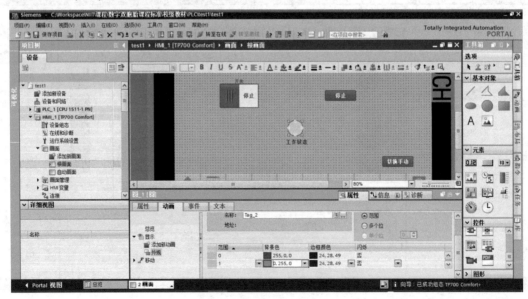

图 6-5-24　添加"范围"

（25）切换到自动画面，单击右侧工具箱中的"元素—开关"图标，拖动到自动画面的右上方，在界面下方的"巡视窗口"中单击"属性"→"属性"→"属性列表"→"常规"，

设置标签"标题"为"推料气缸","ON"为"伸出","OFF"为"缩回",如图 6-5-25
所示。

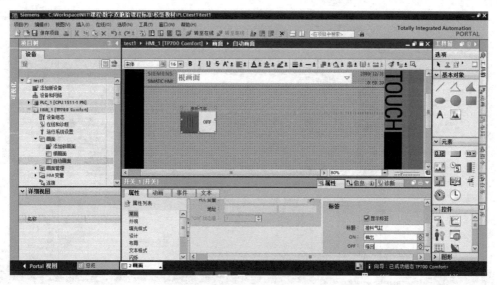

图 6-5-25　添加"推料气缸"开关

（26）在界面下方的"巡视窗口"中单击"属性"→"事件"→"打开"；单击函数下拉
列表；单击"系统函数"→"编辑位"→"置位位"；单击"变量（输入输出）"下拉列表；
单击"PLC_1"→"PLC 变量"→"默认变量表"，在变量表中选择"推料气缸"，单击绿色
确认按钮"√"，如图 6-5-26 所示。

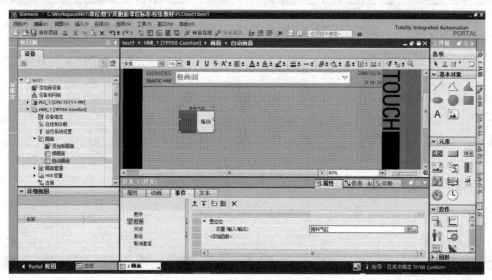

图 6-5-26　添加"打开"事件

（27）在界面下方的"巡视窗口"中单击"属性"→"事件"→"关闭"；单击函数下拉
列表；单击"系统函数"→"编辑位"→"复位位"；单击"变量（输入输出）"下拉列表；

单击"PLC_1"→"PLC 变量"→"默认变量表",在变量表中选择"推料气缸",单击绿色确认按钮"√",如图 6-5-27 所示。

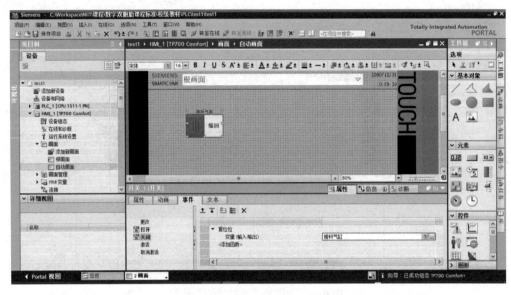

图 6-5-27 添加"关闭"事件

（28）同理添加"冲压前气缸"开关对应的 PLC 变量"冲压前气缸"输出信号，"冲压气缸"开关对应的 PLC 变量"冲压气缸"输出信号，"冲压后气缸"开关对应的 PLC 变量"冲压后气缸"输出信号，如图 6-5-28 所示。

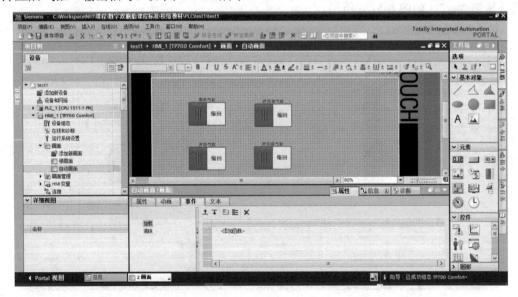

图 6-5-28 添加"冲压前气缸"、"冲压气缸"和"冲压后气缸"开关

（29）同理添加"传送带"开关，"ON"为"启动"，"OFF"为"停止"，对应 PLC 变量"传送带启动"输出信号，如图 6-5-29 所示。

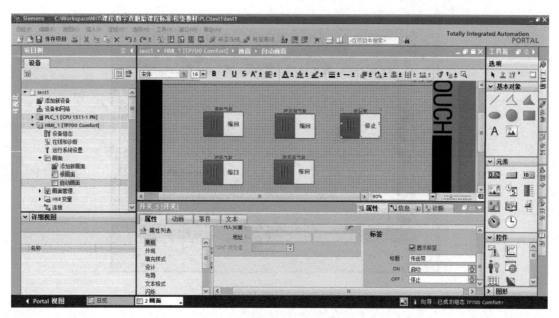

图 6-5-29　添加"传送带"开关

（30）在设备导航栏中，选择"test1"→"HMI_1"并右击，在弹出的快捷菜单中选择
"启动仿真"命令，如图 6-5-30 所示。

图 6-5-30　启动仿真

（31）编译完成后，弹出 HMI 仿真界面，如图 6-5-31 所示。

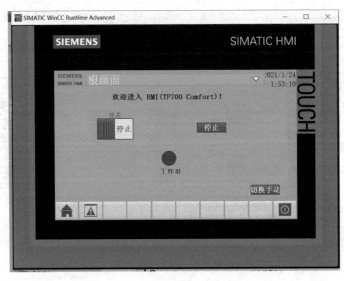

图 6-5-31　HMI 仿真界面

（32）单击功能区"主页"下的"播放"命令，开始运动仿真模拟，单击 HMI 仿真界面的"启动"按钮，实现 HMI 虚拟调试，在运行过程中，可使用手动功能操作气缸和传送带；单击功能区"主页"下的"停止"命令，结束运动仿真模拟，如图 6-5-32 所示。

图 6-5-32　单击"播放""停止"命令

［知识扩展］

视觉检测站虚拟调试

学习情境描述

以西门子智能制造中心生产线检测单元为对象，该单元包含了机电产线中的典型设备：传送带、气缸执行器及机器视觉系统。本任务通过讲授如何进行 PLC 软在环仿真，实现对真实的生产场景加工过程的模拟。

学习目标

1. 掌握 PLCSim 软件的使用；

2. 掌握博途软件的编程方法和仿真参数设置；

3. 深入理解信号映射的定义；

4. 掌握 PLC 控制 MCD 模块虚拟模型调试方法。

任务书

以检测站作为西门子智能制造中心的检测单元，实现轴承内外圈零件加工质量的视觉检测，要求基于 MCD 平台完成装配站仿真并通过软在环技术，实现 PLC 与 MCD 的虚拟联调。

获取信息

引导问题 1：软在环与硬在环的区别是什么？如何实现软在环？

引导问题 2：检测站在工作过程中需要哪些输入/输出信号？功能分别是什么？

工作计划

制订运动仿真方案，并填入下表中。

步　骤	工　作　内　容	负　责　人

➷ 工作实施

（1）请绘制检测站顺序功能图。

（2）检测站需要设置哪些信号？请填入下表中。

序　　号	MCD 信号名称	MCD 信号类型	PLC 信号名称	PLC 信号类型

🖐 **评价反馈**

姓名				日期	
评价指标	评价要素	分数	得分	备注	
信息检索	能有效地利用网络资源，快速准确地收集相关资料；能将查找到的信息有效地转换到工作任务中	10			
工作态度	工作态度端正，注意力集中，工作积极主动，在工作中获得满足感	10			
参与态度	具有一定的组织、协调能力，积极与他人合作，共同完成工作任务	5			
知识能力	知识准备充分，运用熟练正确，工作计划符合规范要求	10			
项目实施	仿真方案正确，与实际设备允许一致	30			
	操作安全性	10			
	完成时间	10			
成果展示	作品完善、操作方便、功能多样、符合预期	5			
	积极、主动、大方	5			
	展示过程中语言流畅、逻辑性强、表达准确	5			
分数		100			
有益的经验和做法					
总结、反思及建议					

反侵权盗版声明

电子工业出版社依法对本作品享有专有出版权。任何未经权利人书面许可，复制、销售或通过信息网络传播本作品的行为；歪曲、篡改、剽窃本作品的行为，均违反《中华人民共和国著作权法》，其行为人应承担相应的民事责任和行政责任，构成犯罪的，将被依法追究刑事责任。

为了维护市场秩序，保护权利人的合法权益，我社将依法查处和打击侵权盗版的单位和个人。欢迎社会各界人士积极举报侵权盗版行为，本社将奖励举报有功人员，并保证举报人的信息不被泄露。

举报电话：（010）88254396；（010）88258888

传　　真：（010）88254397

E-mail：dbqq@phei.com.cn

通信地址：北京市万寿路 173 信箱

　　　　　电子工业出版社总编办公室

邮　　编：100036